Theoretische Untersuchungen für
Maschinenbau und Bearbeitung
——————— 1. Heft ———————

Evolventenverzahnung

Von

Dipl.-Ing. Hans Friedrich
Professor an der Staatlichen Gewerbeakademie
zu Chemnitz

Mit 67 Abbildungen im Text
und 10 Tabellen

Berlin
Verlag von Julius Springer
1928

ISBN-13: 978-3-642-89714-6   e-ISBN-13: 978-3-642-91571-0
DOI: 10.1007/978-3-642-91571-0

Vorwort.

Zweck und Form der Abhandlung.

Das vorliegende Buch soll die Grundlage zu einem Lehrbuch der Zahnradbearbeitung bilden. Es beschränkt sich auf die Behandlung der gebräuchlichen Verzahnungen, wobei die Konstruktionselemente der Zahnrädergetriebe als bekannt vorausgesetzt werden.

Dagegen werden die grundlegenden Konstruktions- und Bearbeitungsbedingungen der Verzahnungen anschaulich und in leicht verständlicher Weise durch Wort, Bild und Rechnung, besonders für die wichtigste Evolventenverzahnung, dargelegt.

Es soll ein Beitrag zu den wissenschaftlichen Untersuchungen sein, die in den letzten Jahren zu dem Zweck eingesetzt haben, die günstigsten Bedingungen für die Konstruktion und Bearbeitung der Zahnräder zu ermitteln.

Bekannt sind die wertvollen Untersuchungen der vorteilhaften Bedingungen für Einzel- und Satzräderverzahnung von Lasche, Fölmer, Schiebel, Kutzbach, Schwend, Maag, Krüger, Bondi und anderen. Zur Vereinfachung der Anmerkungen sei hier der Hinweis auf diese Arbeiten[1] sowie auf den Aufsatz des Verfassers „Evolventenverzahnung für kleine Zähnezahlen", in dem eine Methode zur Ermittelung der günstigen Bearbeitungsbedingungen durch graphische Rechentafeln angegeben ist, vorausgeschickt.

Die wissenschaftlichen Untersuchungen sollen auch den Zweck haben, zu prüfen, wie weit bei dem gegenwärtigen Stand der Bearbeitungs- und Meßtechnik die Festlegung bestimmter Werte wünschenswert, berechtigt und zweckmäßig erscheint, um für die Normung theoretisch und praktisch geprüfte und bewährte Bedingungen festzulegen.

Neben der Untersuchung der günstigen Eingriffs- und Festigkeitsbedingungen werden die Bedingungen für Gleitung, Flächendruck und Abnützung der Zahnflanken behandelt. Die Untersuchung der Vorgänge des Rollens und Gleitens der Zahnflanken ergibt unter Berücksichtigung der Relativbewegung ungleiche Abnützung gegeneinander bewegter Teile. Diese theoretischen Ergebnisse können durch Abnutzungsversuche mittelst der neuen Versuchsapparate, wie sie auf der Werkstoffschau 1927 ausgestellt waren, für verschiedene Stoffe untersucht werden.

---

[1] Lasche: Z. V. d. I. 1899, S. 1490. Fölmer: Betrieb 1919, S. 107 u. 265. Kutzbach: Masch.-B.-Zg. 1922/23, S. 180; 1923, S. 233 und Zahnraderzeugung 1925. Schiebel: Zahnräder 1922 u. 1923. Schwend: Masch.-B.-Zg. 1922/23, S. 183. Krüger: Satzräder der Evolventenverzahnung. Friedrich: Werkz.-Masch. 1922, S. 39. Bondi: Beiträge zum Abnutzungsproblem mit besonderer Berücksichtigung der Abnutzung von Zahnrädern. 1927.

Eine weitere Aufgabe der Untersuchungen ist die Berechnung des Anwendungsbereiches normaler Werkzeuge mit bestimmtem Eingriffswinkel und bestimmter Teilung zur Bearbeitung von Zahnrädern mit verschiedenem Eingriffswinkel und verschiedener Teilung. Es ergibt sich, durch die Bedingung für spielfreien Gang und für gleiche Festigkeit der Zähne eines Getriebes sind die Zahnformen der Evolventenverzahnung so bestimmt, daß bei günstigem Eingriffsverhältnis der Eingriffswinkel von der Zähnezahl oder von dem Übersetzungsverhältnis der Zahnräderpaare innerhalb eines bestimmten Bereiches abhängig ist.

Bei gleichem Werkstoff wird die gleiche Festigkeit der Zähne durch gleiche Fußstärke erreicht. Die ungleiche Abnützung der Zahnräder mit verschiedener Zähnezahl oder aus verschiedenem Werkstoff kann durch entsprechende Änderung der Zahnstärken berücksichtigt werden.

Durch diese Bedingungen sind auch die Bearbeitungsangaben für die verschiedenen Bearbeitungsarten der Zahnräder bestimmt, so daß man den Benutzungsbereich bestimmter Werkzeuge angeben kann, wodurch die Normung der Werkzeuge für Zahnradbearbeitung vorbereitet wird.

An Stelle der graphischen Rechentafeln werden Gleichungen angegeben, mit denen man die Werte für Zahlenbeispiele und für Zahlentafeln genauer als durch Zeichnungen ermitteln kann. Durch Zahlenbeispiele wird die rechnerische Ermittelung der Werte für die Bearbeitungsangaben erklärt.

Die Bezeichnungen und Angaben für Formeln und Abbildungen sind so gewählt, daß sie anschaulich aus Bild und Text hervorgehen und auf die Berechnung angewendet werden. Zu diesem Zweck sind hier einige grundsätzliche Angaben vorausgeschickt. Den Abbildungen sind Erklärungen beigefügt, aus denen ihr Zweck ersichtlich ist. In den Abbildungen werden meist nur die für die Berechnung nötigen Bezeichnungen angegeben und die Teile nach diesen Bezeichnungen benannt. Bei einem Zahnräderpaar werden z. B. die Bezeichnungen für das kleine Rad mit kleinen, für das große Rad mit großen Buchstaben geschrieben und mit einem kennzeichnenden Index versehen. Häufig gebrauchte Werte werden ohne Index, z. B. r und R für Laufkreisradien, andere mit Index, z. B. r_k und R_k für Kopfkreise, veränderliche und unbestimmte Werte mit x, y oder r_x, r_y, gemeinsame und andere Werte wie üblich mit großen oder kleinen Buchstaben bezeichnet.

Chemnitz, im Februar 1928.

H. Friedrich.

Inhaltsverzeichnis.

Seite

I. Entstehung der Evolventenverzahnung 1
II. Begrenzungsbedingungen der Zahnflanken 5
  A. Gleiten und Rollen der Zahnflanken 5
  B. Abnützung durch Gleiten 9
  C. Zahndruck 11
  D. Vermeidung der Zahnfußunterschneidung 12
  E. Spitze Zähne 17
  F. Spielfreier Gang 19
  G. Zahnstärke 20
  H. Beispiele 22
  I. Eingriffsverhältnis 29
III. Darstellung und Bearbeitung der Zahnformen 30
IV. Bearbeitungsangaben 32
  A. für die Bearbeitung mit dem Schneidstahl 32
V. Wälzgetriebe für Stirnradbearbeitung 35
  A. Stirnradhobelmaschine als Beispiel für Wälzgetriebe und Bearbeitungsangaben 35
  B. Bearbeitung mit dem Kammstahl 56
  C. Bearbeitung mit dem Stoßrad 58
    1. für Außenverzahnung 58
    2. für Innenverzahnung 62
    3. Zahnrad und Zahnstange 62
  D. Bearbeitung mit dem Schneckenfräser 63
VI. Zusammenfassungen der Bedingungen für Stirnradbearbeitung 65
VII. Kegelräder mit geraden Zähnen 72
VIII. Schraubenräder 75
IX. Kegelräder mit schrägen oder gekrümmten Zähnen 77

Berichtigungen.

Seite 2, Abbildung 3: Die Gerade ist zur Verschiebungsrichtung beliebig geneigt. Für die Zahnstange soll sie aber so geneigt sein, daß der angegebene Winkel α unterhalb der Verschiebungsrichtung liegt.

Seite 26, 3. Zeile von unten: Hinter der Gleichung (51) muß das Wort „ermittelt" stehen.

I. Entstehung der Evolventenverzahnung.

Die Evolvente kann durch Wälzen einer Geraden auf dem Kreisumfang oder als Umhüllungskurve bewegter Linien entstehen. Sie wird zur Verzahnung und bei der Bearbeitung derselben angewendet.

Die Zahnräder erhalten meist Evolventenverzahnung, da für diese Zahnformen die Bearbeitungsverfahren einfacher und vorteilhafter sind als für andere Zahnformen, z. B. für Zykloidenverzahnung, die außerdem sehr genaue Einhaltung des Achsenabstandes eines Räderpaares erfordert, was bei Evolventenverzahnung nicht der Fall ist[1].

Die Evolventenverzahnung wird daher bei Zahnrädern aller Art angewendet, für die verschiedene Bearbeitungsverfahren dienen. Man unterscheidet Bearbeitung nach Schablonen, mit Formwerkzeugen und besonders verschiedene Methoden zur Erzeugung der Evolventenverzahnung durch die sog. Abwälzverfahren.

Bei der Bearbeitung nach Schablonen und mit Formwerkzeugen begnügt man sich meist mit einer angenäherten Form der Zahnflanken, was aber nur für Betriebe zulässig ist, die nicht als Präzisionsbetriebe zu bezeichnen sind, während für Präzisionsbetriebe durch Abwälzverfahren geschnittene oder geschliffene Zahnräder gefordert werden.

Die Abwälzverfahren beruhen auf Entstehung der Evolventen durch kinematische Führung der Werkzeuge und Werkstücke, die in verschiedener Weise erfolgen kann. Man verwendet z. B. die kinematische Führung, die sich durch Zahnrad und Zahnstange oder durch das Abrollen eines Kreises auf einer Geraden ergibt. Hierbei kann entweder der Kreis eine Drehung und die Gerade eine Verschiebung erhalten, oder der Kreis rollt auf der ruhenden Geraden, oder die Gerade rollt um den ruhenden Kreis. Diese Bewegungen sind gegenseitig oder relativ. Es können aber auch beide Teile bewegt sein und noch andere gemeinsame oder absolute Bewegung erhalten.

Hierbei wird der eine Teil mit dem Werkzeug, der andere mit dem Werkstück verbunden, das bei der gegenseitigen Bewegung bearbeitet wird. Man kann dieses Abwälzverfahren als Zahnstangenverfahren bezeichnen. Zahnrad und Zahnstange kann durch eine andere gleichwertige kinematische Kette, z. B. durch Wälzbogen und Walzbahn ersetzt werden. Auch das Werkzeug kann verschieden ausgeführt werden, als Schneidstahl, Zahnstangenmesser, Schleifscheibe oder Schneckenfräser.

Bei dem Stoßrad- oder Fellowverfahren benutzt man die kinematische Führung eines Stirnräderpaares und bildet das Werkzeug als

---

[1] Für die übliche werkstattmäßige Fertigung kommt nur mehr die Evolventenverzahnung in Betracht, auf die sich auch hier die Erläuterungen beschränken.

Stoßrad aus. Bei anderen Verfahren benutzt man die Führung eines Schraubenrades usw.

Man kann die Bearbeitungsarten auch nach der Form der Zahnräder einteilen und unterscheidet danach die Bearbeitung von Stirnrädern und Kegelrädern mit geraden Zähnen für Außen-, Innen- und Zahnstangenverzahnung, von Stirn- oder Kegelrädern mit schrägen Zähnen oder mit Winkelzähnen, von Schraubenrädern, Schnecken und von besonderen Zahnrädern.

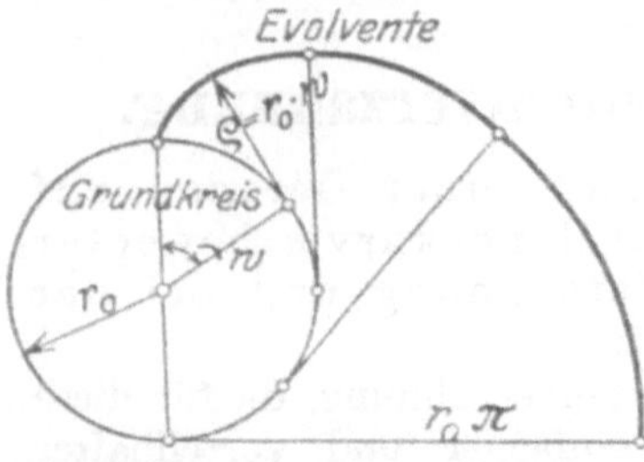

Abb. 1. Ein Punkt der abgerollten Geraden beschreibt eine Evolvente. Wälzbogen = Tangentenlänge = Krümmungsradius = ϱ.

Bevor man die besonderen Bedingungen der einzelnen Bearbeitungsverfahren untersucht, ist es zweckmäßig, die Bedingungen für die kinematische Entstehung der Evolventen und ihrer Anwendung als Zahnkurven zu untersuchen.

Für die geometrische Darstellung ist es gleichgültig, ob die Elvolvente von einem Punkt einer Geraden nach Abb. 1 beschrieben wird, die sich auf dem Grundkreis r_0 abrollt, oder als Umhüllungskurve, die sich nach Abb. 2 oder 3 bei der Parallelverschiebung einer Geraden unter gleichzeitiger Drehung der Grundkreisflächen ergibt. Die Gerade, auf der der beschreibende Punkt liegt, ist eine Tangente an

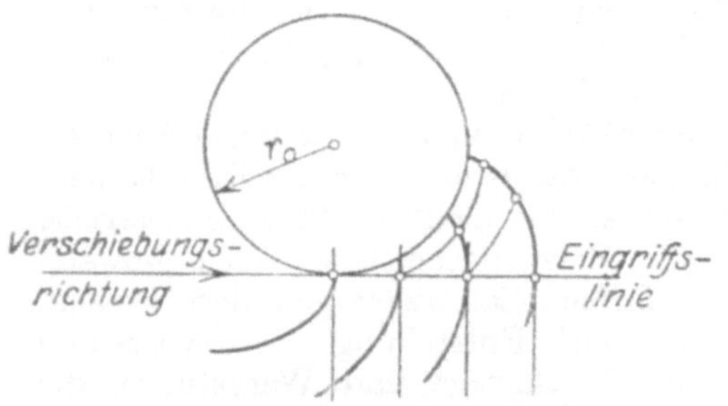

Abb. 2. Bei Parallelverschiebung einer Geraden entsteht die Evolvente als Umhüllungskurve. Gerade senkrecht zur Verschiebungsrichtung.

dem Grundkreis und eine Normale für die Evolvente. Ihre abgerollte Länge ist gleich dem Wälzungsbogen $r_0 \cdot w = \varrho$ und dem Krümmungsradius ϱ der Evolvente, da der Berührungspunkt der Tangente am Grundkreis zugleich Krümmungsmittelpunkt des Kurvenelementes ist. — Die Gerade, die die Evolvente als Umhüllungskurve ergibt, kann nach Abb. 2 zur Verschiebungsrichtung senkrecht oder nach Abb. 3 geneigt sein.

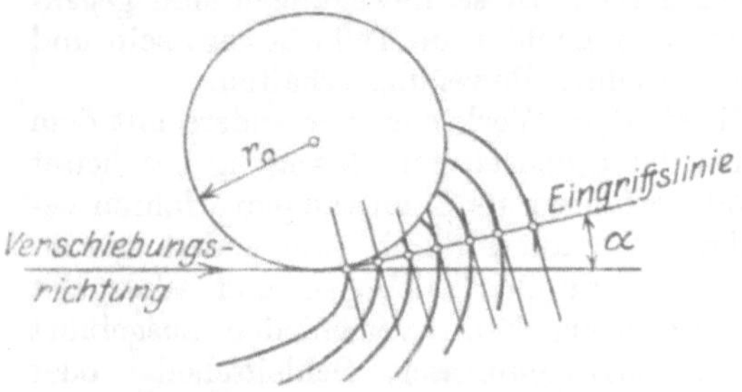

Abb. 3. Gerade geneigt zur Verschiebungsrichtung.

Bei der Parallelverschiebung der Geraden dreht sich der Grundkreis mit der Evolvente, so daß die Berührungspunkte in der Verschiebungsrichtung liegen. Dieser Vorgang entspricht dem Eingriff und der

Bewegung von Zahnrad und Zahnstange. Je nachdem die Gerade zur Bewegungsrichtung senkrecht oder geneigt ist, entspricht sie einer Zahnstange mit rechteckigen oder trapezförmigen Zähnen. Die Berührungspunkte der Zahnflanken oder die Eingriffspunkte der Zähne liegen auf der Eingriffslinie, die bei rechteckigen Zähnen der Zahnstange den Eingriffswinkel 0°, bei trapezförmigen Zähnen den Eingriffswinkel α mit der Verschiebungsrichtung der Zahnstange einschließt.

Die Eingriffslinie ist senkrecht zur parallel verschobenen Geraden, normal zur Evolvente und eine Tangente an den Grundkreis. Sie entspricht also der nach Abb. 1 abgerollten Geraden. Die parallel verschobene Gerade entspricht der Zahnflanke der Zahnstange und die Evolvente der Zahnflanke des Zahnrades. Man kann sich daher die Zahnflanken eines Rades mit Evolventenverzahnung durch eine Zahnstange erzeugt denken.

Da bei gleichem Grundkreis die gleiche Evolvente durch Verschiebung der Geraden von verschiedener Neigung entsteht, kann die Neigung der Zahnflanken der Zahnstange, zur Herstellung des gleichen Zahnrades, verschieden groß angenommen werden.

Wenn man den Maßstab für die Darstellung der Stirnräder so wählt, daß alle Grundkreise gleich groß sind, so sind die Zahnkurven Teile der gleichen Evolvente, und man kann daher die Eigenschaften aller Evolventenflanken nach denen einer Evolvente erklären, wobei diese für ein Zahnrad allein, für zwei zusammenarbeitende Räder und für den Eingriff von Werkrad und Werkzeug zu untersuchen sind.

Bei zwei miteinander arbeitenden Zahnrädern werden als Lauf-, Wälz-, Teil- oder Rollkreise jene Kreise bezeichnet, in welchen die Geschwindigkeit gleich ist oder die aufeinander rollen ohne zu gleiten. Sie teilen den Achsenabstand im Verhältnis der Zähnezahlen. Beim Eingriff von Werkrad und Werkzeug kann man ebenso einen Bearbeitungsteil- oder Wälzkreis angeben, in dem die Teilung gemessen wird oder in dem das Abwälzen beim Abwälzverfahren stattfindet.

Dieser Bearbeitungswälzkreis fällt nicht immer mit dem Betriebswälzkreis zusammen.

Denkt man sich die Flanken eines Zahnrades durch Abwälzen einer Zahnstange mit rechteckigen Zähnen nach Abb. 2 erzeugt, so ist der Bearbeitungswälzkreis gleich dem Grundkreis.

In dem Aufsatz „Evolventenverzahnung für kleine Zähnezahlen" habe ich die Bearbeitung nach dem Abwälzverfahren mit normalen Werkzeugen bei der Annahme von 15° Eingriffswinkel berücksichtigt. Das dort angewendete Verfahren zur Ermittelung der günstigsten Zahnformen kann zur Berechnung der Evolventenverzahnung für beliebige Eingriffswinkel angewendet werden. Während dort angenommen wurde, daß jedes Rad durch eine Zahnstange mit $\alpha = 15^\circ$ Eingriffswinkel erzeugt werden soll, kann man auch jedes Rad durch eine Zahnstange mit dem Eingriffswinkel $\alpha = 0^\circ$ bearbeitet annehmen. Bei dieser Annahme können alle Maße der Zahnkurven auf den Grundkreisradius r_0 bezogen werden. Der Betriebswälzkreis wird im allgemeinen größer sein als der Grundkreis. Nach Abb. 4 ergeben sich die Beziehungen der Radien r und r_0, Teilungen t und t_0 oder Modulzahlen m und m_0 bei dem Eingriffswinkel α, dem Grundwinkel φ und der Zähnezahl z für Grund- und Wälzkreis eines Zahnrades.

Aus den Beziehungen:

$$r_0 \cdot \operatorname{tg} \alpha = r_0 \cdot (\alpha + \varphi); \quad r \cdot \cos \alpha = r_0;$$
$$t = \pi \cdot m; \quad t_0 = \pi \cdot m_0;$$
$$r = \frac{z \cdot m}{2}; \quad r_0 = \frac{z \cdot m_0}{2}$$

ergeben sich die Gleichungen

$$\varphi = \operatorname{tg} \alpha - \alpha \qquad (1)$$

und

$$\cos \alpha = \frac{m_0}{m}. \qquad (2)$$

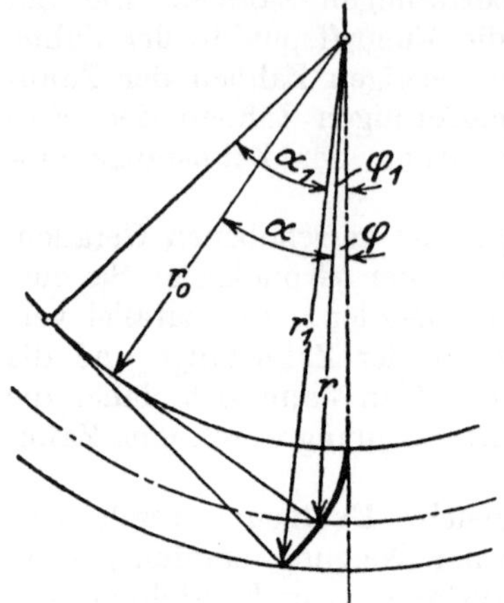

Abb. 4. Grundkreis r_0, Wälzkreis r oder r_1, Eingriffswinkel α oder α_1, Grundwinkel φ oder φ_1.

Der Eingriffswinkel ist vom Verhältnis des Laufkreisradius zum Grundkreisradius oder bei gleicher Zähnezahl vom Verhältnis der

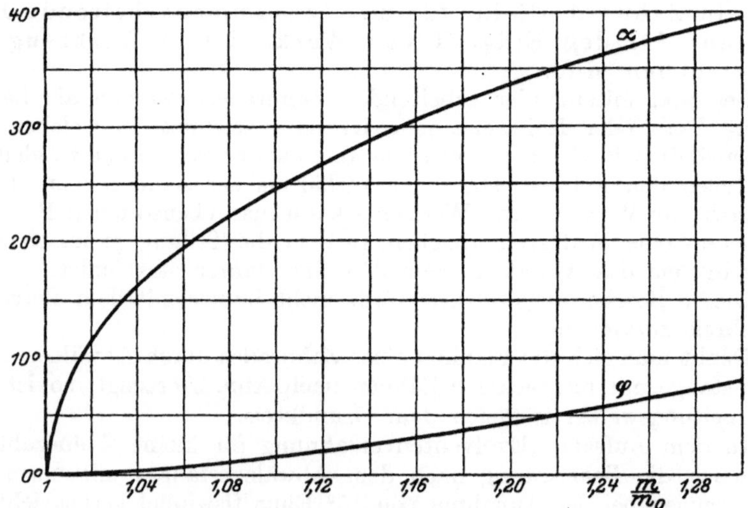

Abb. 5. Graphische Tafel der Eingriffswinkel α und Grundwinkel φ für das Verhältnis der Modul m/m_0.

Modulzahlen abhängig. Deshalb sind in Abb. 5 die Verhältniszahlen $\dfrac{m}{m_0}$ wagrecht und die Winkel α und φ senkrecht aufgetragen. Die zugehörigen Zahlenwerte sind in der Tabelle 1 angegeben.

Tabelle 1.

Modulverhältnis m/m_0, Eingriffswinkel α und Grundwinkel φ.

m/m_0	α^0	$\widehat{\varphi}$	φ^0	z_0
1	0^0	0	0^0	∞
1,02	$11^0\,22'$	0,00264	$9'$	100
1,04	$15^0\,57'$	0,00726	$26'$	50
1,06	$19^0\,20'$	0,01342	$48'$	33
1,08	$22^0\,10'$	0,02053	$1^0\;9'$	25
1,10	$24^0\,37'$	0,02855	$1^0\,38'$	20
1,12	$26^0\,46'$	0,03736	$2^0\;8'$	17
1,14	$28^0\,40'$	0,04640	$2^0\,40'$	14
1,16	$30^0\,27'$	0,05670	$3^0\,15'$	13
1,18	$32^0\;4'$	0,06680	$3^0\,50'$	11
1,20	$33^0\,33'$	0,07750	$4^0\,26'$	10
1,22	$34^0\,57'$	0,08890	$5^0\;5'$	9
1,24	$36^0\,15'$	0,10050	$5^0\,45'$	8
1,26	$37^0\,29'$	0,11270	$6^0\,27'$	8
1,28	$38^0\,38'$	0,12490	$7^0\;9'$	7

Für den Übergang vom Laufkreis r zum Laufkreis r_1 und vom Eingriffswinkel α zum Eingriffswinkel α_1 kann man das Verhältnis $\dfrac{m_1}{m}$ und den Winkel $\varphi_1 - \varphi$ aus:

$$\left(\frac{m_1}{m_0}\right) : \left(\frac{m}{m_0}\right) = \frac{m_1}{m} \tag{2a}$$

bestimmen.

II. Begrenzungsbedingungen der Zahnflanken.

Welchen Einfluß haben Gleiten, Zahndruck, Eingriffsverhältnis usw. auf die Formen und Maße der Zahnflanken?

Man kann die Zahnkurven als Teile der gleichen Evolvente ansehen, die sich bei verschiedener Zähnezahl oder Teilung durch die Größe des benutzten Evolventenabschnittes, der als Kopf- und Fußflanke dient, ferner durch das Verhältnis des Laufkreisradius zum Grundkreisradius und durch den Eingriffswinkel unterscheiden.

Durch diese Begrenzung der Zahnflanken sind die Kopf- und Fußkreise, Zahnhöhe, Zahnstärke, Eingriffsverhältnis, Gleitungsverhältnis, Zahndruck, Krümmungsradien der Zahnkurven, Flächendruck in denselben usw. bestimmt. Diese Begrenzungsbedingungen der Zahnkurven sind für günstige Bearbeitungs- und Betriebsverhältnisse zu bestimmen. Hierzu kann man die Grundgleichungen (1), (2) und (2a) und die Tabelle 1 benutzen. Zunächst sind die Bedingungen im allgemeinen zu untersuchen.

A. Gleiten und Rollen der Zahnflanken.

Berechnung der Gleitwege und der Geschwindigkeiten für Gleiten und Rollen.

Wenn man nach Abb. 2 die Berührungspunkte der in gleichen Abständen parallel verschobenen Geraden mit den Evolventen auf diesen aufträgt, so sieht man, daß der Eingriffspunkt auf der Geraden derselbe bleibt, die Evolvente aber auf der Geraden gleitet, daher findet bei einer Zahnstange mit rechteckigen Zähnen nur Gleiten und kein Abrollen der Zahnflanken des Zahnrades statt. Die Abstände der Berührungspunkte auf den Evolventen nehmen mit dem Abstand vom Grundkreis zu. Das Gleiten der entfernteren Kurventeile der Zahnflanken wird immer größer. Ist nach Abb. 6 w der Winkel, um den die Zahnflanke in der Zeit τ sich gedreht hat, v die Geschwindigkeit im Grundkreis r_0 und zugleich die Verschiebungsgeschwindigkeit der Zahnstange, so ergibt sich aus der Ähnlichkeit der parallel schraffierten Dreiecke die Gleitgeschwindigkeit aus der Gleichung:

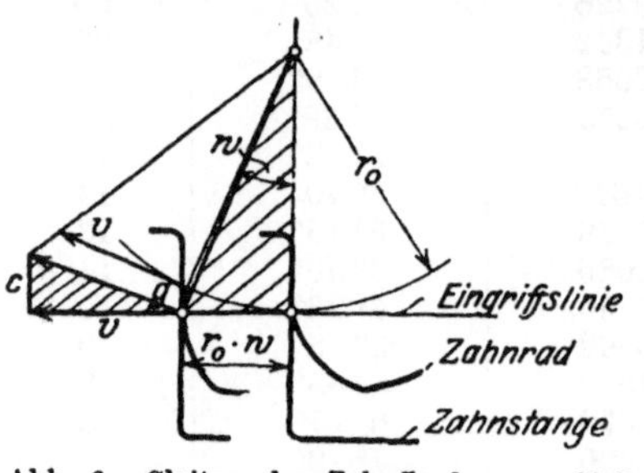

Abb. 6. Gleiten der Zahnflanken. g Gleitbogen, c Gleitgeschwindigkeit.

$$\frac{c}{v} = \frac{r_0 \cdot w}{r_0} \quad \text{zu} \quad c = w \cdot v. \qquad (3)$$

Zu demselben Wert kommt man, wenn man den Gleitbogen g der Evolvente nach der Zeit differenziert:

$$c = \frac{dg}{d\tau} = r_0 \cdot w \cdot \frac{dw}{d\tau} = w \cdot v .$$

Daraus ergibt sich für den Gleitbogen durch Integrieren

$$\int dg = r_0 \cdot \int w \cdot dw = \frac{r_0 \cdot w^2}{2} = g . \qquad (4)$$

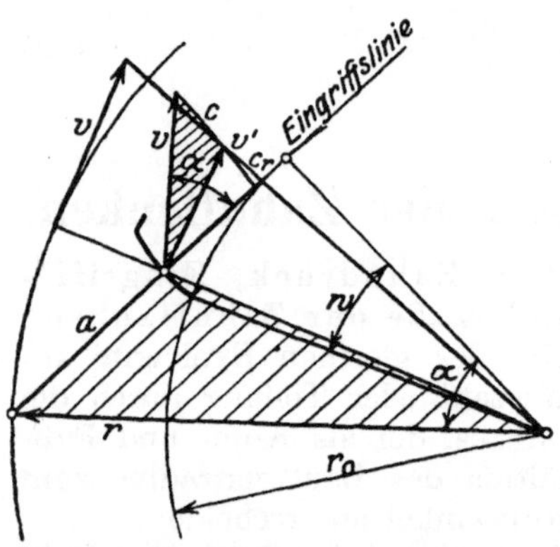

Abb. 7. c Geschwindigkeit für Gleiten. c_r für Rollen eines Eingriffspunktes der Zahnstange.

Bei der Zahnstange mit trapezförmigen Zähnen ist nach Abb. 7 die Eingriffslinie gegen die Verschiebungsrichtung der Zahnstange unter dem Eingriffswinkel α geneigt. Daher findet gleichzeitig eine Verschiebung der Zähne der Zahnstange und des Zahnrades gegenüber der Eingriffslinie statt und die Zähne werden nicht nur aufeinander gleiten, sondern auch rollen.

In einem Eingriffspunkt, der zwischen dem Grundkreis r_0 und dem Laufkreis r liegt, ist die Geschwindigkeit der Zahnstange v unter dem Winkel α gegen die Eingriffslinie in Abb. 7 aufgetragen. Sie ist gleich der Umfangsgeschwindigkeit im Laufkreis des Zahnrades. Der Eingriffspunkt des Zahnrades aber hat eine etwas kleinere Geschwindigkeit v', die auf der senkrecht zur Eingriffslinie gerichteten Komponente der Zahnstangengeschwindigkeit die Gleitgeschwindigkeit c abschneidet. Aus der Ähnlichkeit der parallel schraffierten Dreiecke ergibt sich

$$c = \frac{a \cdot v}{r} . \qquad (5)$$

Der Rest c_r der Komponente entspricht dem Rollen der Zahnflanken, denn das Gleiten und Rollen findet senkrecht zur Eingriffslinie statt und entspricht der zur Eingriffslinie senkrechten Komponente der Verschiebungsgeschwindigkeit. Setzt man für

$$a = r_0 \cdot \operatorname{tg} \alpha - r_0 \cdot w \quad \text{und} \quad v = \frac{r \cdot dw}{d\tau}$$

in obiger Gleichung ein, so ergibt sich für die Geschwindigkeit

$$c = r_0 \cdot (\operatorname{tg} \alpha - w) \cdot \frac{dw}{d\tau} \tag{6}$$

und für den Gleitweg

$$g = \int c \cdot d\tau = r_0 \cdot \int (\operatorname{tg} \alpha - w) \cdot dw = r_0 \cdot \left(w \cdot \operatorname{tg} \alpha - \frac{w^2}{2} \right). \tag{7}$$

Nach Abb. 8 ist der Gleitweg gleich der Differenz der Zahnflankenteile $K - b = g$. Dabei ist $K = r_0 \cdot w \cdot \operatorname{tg} \alpha$ und der Evolventenbogen b ergibt sich zu

$$b = r_0 \cdot \int w \cdot dw = \frac{r_0 \cdot w^2}{2},$$

was denselben Wert für den Gleitweg gibt. Für die Beurteilung der Abnützung der Zahnflanken durch Gleiten ist der Flankendruck und die Gleitgeschwindigkeit zu berücksichtigen.

In Abb. 9 sind Schaulinien der Gleitwege und der Gleitgeschwindigkeiten bei verschiedenen Eingriffswinkeln für die Flanken von Zahnrad und Zahnstange nach Abb. 8 angegeben.

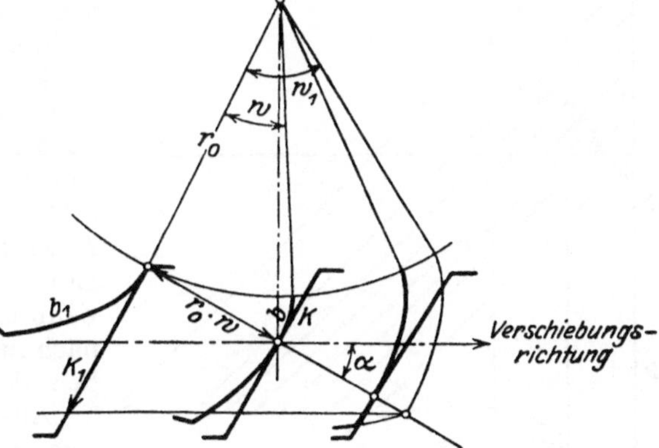

Abb. 8. Die Zahnflanken K und b rollen und gleiten.

Nach der Gleichung

$$c = \frac{v \cdot (\operatorname{tg} \alpha - w)}{r}$$

wird w wagrecht und c senkrecht aufgetragen und es ergeben sich bei der Annahme $\frac{v}{r} = 1$ und bei gleichem Maßstab von c und w für bestimmte Winkel α unter 45^0 geneigte gerade Linien, die die Gleitgeschwindigkeiten angeben.

Für die Gleitwege erhält man Parabeln, wenn man nach der Gleichung $g = r_0 \cdot \left(w \cdot \operatorname{tg} \alpha - \frac{w^2}{2} \right)$ die Werte von w wagrecht und g senkrecht für bestimmte Winkel α aufträgt. Die Gleitwege sind wie die Gleitgeschwindigkeiten anfangs positiv und dann negativ. Da wo die positiven Gleitwege den größten Wert erhalten, sind die Gleitgeschwindigkeiten null. Die von den Kurven begrenzten Gleitwege

gelten nur für die über der Eingriffslinie gelegenen Teile der Zahnflanken. Für die unter der Eingriffslinie liegenden Zahnflanken sind
die Gleitwege durch die unteren Kurven angegeben. Ist nach Abb. 8
w_1 der Eingriffsbereich, das ist der Winkel, innerhalb welchem der
Eingriff stattfindet, und sind b_1 und K_1 die zugehörigen Teile der
Zahnflanken, so ergibt sich der unter der Eingriffslinie liegende Teil
der Gleitwege aus $b_1 - b - (K_1 - K) = g$ zu

$$g = r_0 \cdot w_1 \cdot \left(\frac{w_1}{2} - \operatorname{tg}\alpha\right) - r_0 \cdot w \cdot \left(\operatorname{tg}\alpha - \frac{w}{2}\right). \tag{8}$$

Daß für den Eingriffswinkel von 0^0 die Gleitwege nur negativ sind,
bedeutet, daß die Flanken der
Zahnstange auf den Flanken des
Zahnrades nach Abb. 2 bei der
angegebenen Verschiebungsrichtung nur nach außen gleiten,
während sie bei anderen Eingriffswinkeln zunächst nach innen und
dann nach außen gleiten, indem
nach Abb. 8 bei der angegebenen
Verschiebungsrichtung zuerst K
größer als b, dann b größer als
K wird. Auf den unterhalb der
Eingriffslinie liegenden Teilen der
Zahnflanken findet nur Gleiten
nach außen statt. Die entsprechenden Gleitwege sind daher negativ.

Aus den Schaulinien ergibt
sich, daß bezüglich der Gleitwege
bei dem angenommenen Eingriffsbereich von ungefähr $w_1 = 60^0$
die Eingriffswinkel von 20^0 bis
30^0 ziemlich gleichwertig sind,
kleinere Eingriffswinkel aber nur
bei kleinerem Eingriffsbereich
günstiger sind. Dasselbe gilt
auch bezüglich der Gleitgeschwindigkeit. Kleiner Eingriffsbereich
kann aber nur bei großen Zähne-

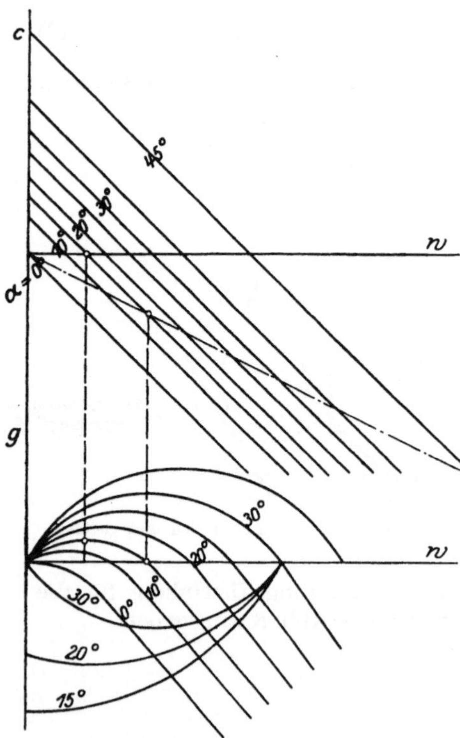

Abb. 9. Gleitgeschwindigkeit c, Gleitwege g.

zahlen angenommen werden, weil sonst das Eingriffsverhältnis zu klein
wird. Für ein Stirnräderpaar ergibt sich die Gleitgeschwindigkeit nach
Abb. 10 bei der Ähnlichkeit der parallel schraffierten Dreiecke aus

$$\frac{c_1}{v} = \frac{a}{r} \quad\text{und}\quad \frac{c_2}{v} = \frac{a}{R},$$

da $c_1 + c_2 = c$ ist, zu

$$c = a \cdot \left(\frac{1}{r} + \frac{1}{R}\right) \cdot v. \tag{9}$$

Die Rollgeschwindigkeit ergibt sich bei der Ähnlichkeit der vertikal schraffierten Dreiecke aus

$$\frac{c_r}{v \cdot \cos \alpha} = (R \cdot \sin \alpha - a) : R \cdot \cos \alpha$$

zu

$$c_r = \left(\sin \alpha - \frac{a}{R} \right) \cdot v . \tag{10}$$

Setzt man in diesen Gleichungen $R = \infty$ und $\alpha = 0^0$ ein, so ergibt

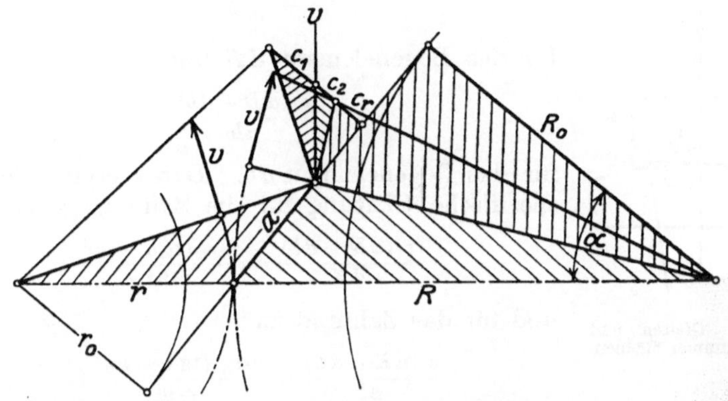

Abb. 10. Gleiten und Rollen der Zahnflanken eines Stirnräderpaares (vgl. Schwend a. a. O.).

sich für die Zahnstange mit rechteckigen Zähnen wie früher $c = \dfrac{a \cdot v}{r}$ und bei $\alpha = 0$ $c_r = 0$. Es findet also nur Gleiten und kein Rollen statt.

B. Abnützung durch Gleiten.

Die Abnützung ist vom spezifischen Gleiten abhängig. Sie ist bei verschiedener Zähnezahl für das treibende und getriebene Rad verschieden.

Durch obige Berechnung erhält man zwar Werte für die Gleitgeschwindigkeit der Zahnflanken. Man kann aber daraus noch nicht entnehmen, wie sich diese Bewegung und die Abnützung auf die zusammenarbeitenden Flankenteile verteilen. Die Zahnflanken der Zahnstange mit rechteckigen Zähnen haben z. B. einen bestimmten Eingriffspunkt, an dem sie abgenutzt werden, während die Zahnradflanken auf der ganzen Länge abgenutzt werden.

Wenn man konstante Flächenpressung annimmt, so ist die Abnützung zweier Körper von gleicher Beschaffenheit, die mit der Geschwindigkeit v aufeinander gleiten, von folgenden Beziehungen abhängig. Die ebenen Flächen zweier Körper von der Länge A und a

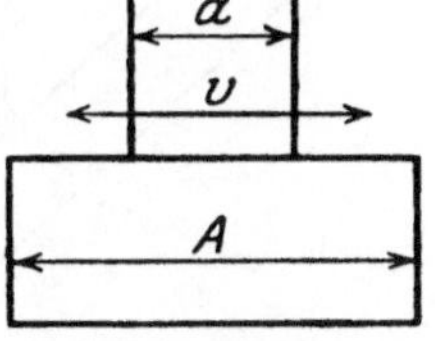

Abb. 11. Gleiten ebener Flächen.

gleiten aufeinander nach Abb. 11. Der Gleitweg sei $A - a$. Die spezifische Gleitung, der die Abnützung entspricht, ist $\dfrac{(A - a) \cdot v}{A}$ für den

Körper A und $\dfrac{(A-a)\cdot v}{a}$ für den Körper a. Ebenso entspricht die Abnützung zweier zylindrischer Körper mit den Bogenlängen B und b der spezifischen Gleitung $\dfrac{(B-b)\cdot v}{B}$ für den Körper B und $\dfrac{(B-b)\cdot v}{b}$ für den Körper b. Auf dem Wege b findet Rollen statt. Vgl. Abb. 12.

Bei veränderlicher Gleitgeschwindigkeit c ist die spezifische Gleitung

$$\frac{c\cdot(dB-db)}{dB} \tag{11}$$

für das Bogenelement dB und

$$\frac{c\cdot(dB-db)}{db} \tag{11a}$$

für das Bogenelement db. Daher ergibt sich die spezifische Gleitung für die Zahnstange zu

$$\frac{c\cdot(dK-db)}{dK} = \frac{v\cdot r_0\,(\mathrm{tg}\,\alpha - w)^2}{r\cdot \mathrm{tg}\,\alpha} \tag{12}$$

und für das Zahnrad zu

$$\frac{c\cdot(dK-db)}{db} = \frac{v\cdot r_0\cdot(\mathrm{tg}\,\alpha - w)^2}{r\cdot w}. \tag{13}$$

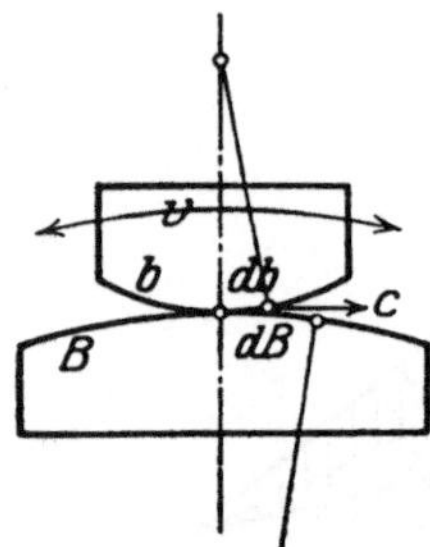

Abb. 12. Gleiten und Rollen krummer Flächen.

Die Abb. 13 und 14 zeigen durch Schaulinien die Werte, die diesen Gleichungen für verschiedene Eingriffswinkel entsprechen.

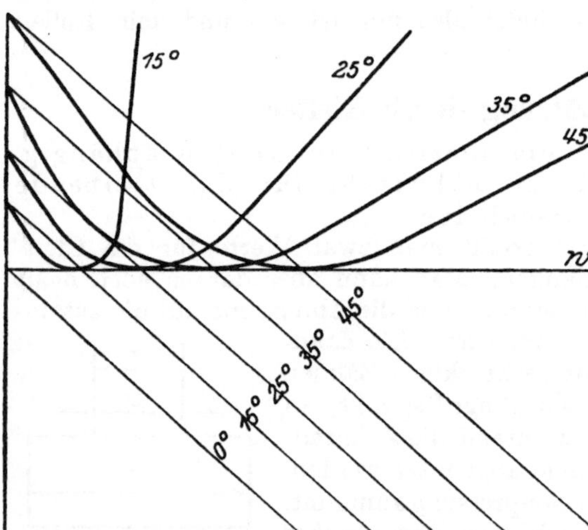

Abb. 13. Spezifisches Gleiten der Zahnstangenflanken.

Im Laufkreis, wo die Gleitgeschwindigkeit null ist, ist auch das spezifische Gleiten null. In den Abb. 13 und 14 fallen daher die Schnittpunkte der Geraden und der zugehörigen Kurven auf der Achse zusammen. Die links von den Schnittpunkten liegenden Teile der Kurven gehören zu den Fußflanken, die rechts liegenden zu den Kopfflanken. Der sehr stark ansteigende rechte Ast der Kurve für 15° Eingriffswinkel gibt starke Abnützung der Kopfflanke bei zunehmendem Eingriffsbereich an.

Abb. 13 zeigt, daß die Kopfflanke der Zahnstange mit 15° Eingriffswinkel auch bei kleinem Eingriffsbereich starke Abnützung erfährt, während die Fußflanke bei kleinem Eingriffswinkel weniger abgenutzt wird. Was für die Zahnstange gilt, gilt bei einem Räderpaar auch angenähert für das große Rad. Bei dem kleinen Rad wird die Fußflanke besonders bei größerem Eingriffswinkel stärker abgenutzt.

C. Zahndruck.

Die Abnützung hängt auch vom spezifischen Zahndruck ab.

Bei Zykloidenverzahnung ist nach Abb. 15 die Richtung des Zahndruckes für andere Eingriffspunkte verschieden, nur im Zentralpunkt ist er tangential. Für andere Eingriffspunkte wird sein Neigungswinkel α_x mit dem Abstand vom Zentralpunkt immer größer. Er wächst bei gleicher Umfangskraft nach der Beziehung $N_x = \dfrac{P}{\cos \alpha_x}$ mit zunehmendem Winkel, während

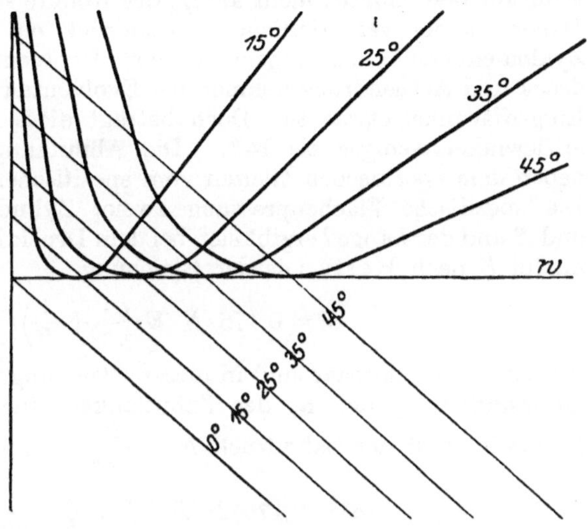

Abb. 14. Spezifisches Gleiten der Zahnradflanken.

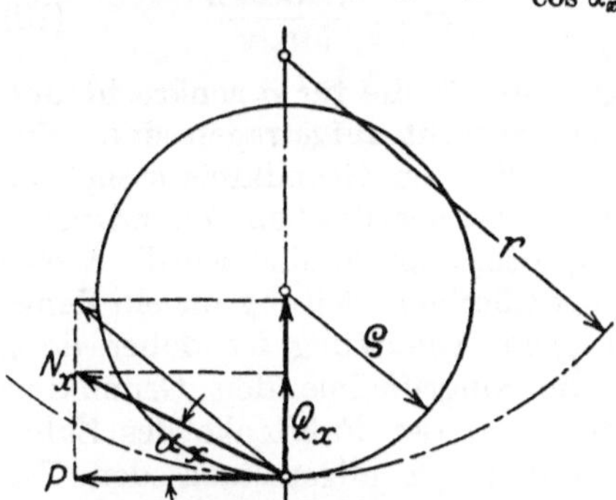

Abb. 15. Zahndruck und Achsendruck bei Zykloidenverzahnung.

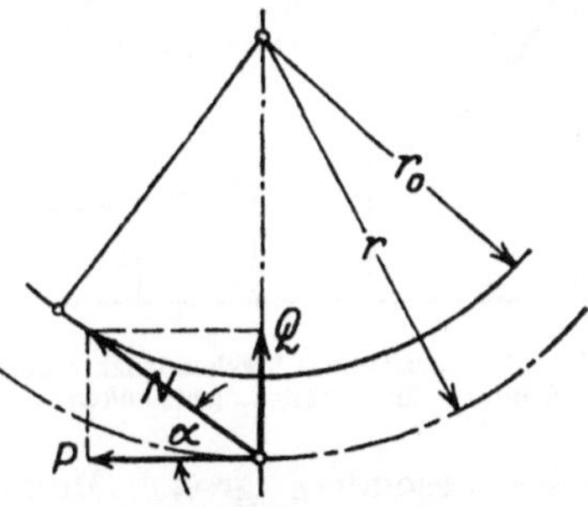

Abb. 16. Zahndruck und Achsendruck bei Evolventenverzahnung.

bei der Evolventenverzahnung der Neigungswinkel α des Zahndruckes gleich dem Eingriffswinkel und der Zahndruck für jeden Eingriffspunkt

$$N = \frac{P}{\cos \alpha} \tag{14}$$

nach Abb. 16 konstant ist. Auch der Achsendruck ist bei Zykloidenverzahnung veränderlich. Im Zentralpunkt ist er zwar null, für andere Eingriffspunkte nimmt sein Wert

$$Q_x = P \cdot \operatorname{tg} \alpha_x \tag{15}$$

mit dem Winkel α_x zu und wird größer als der konstante Achsendruck $Q = P \cdot \mathrm{tg}\,\alpha$ der Evolventenverzahnung bei $\alpha = 30^0$ Eingriffswinkel, wenn für den Eingriff mehr als $^1/_6$ des Rollkreisumfanges benutzt wird. Daher ist der veränderliche Achsendruck ein weiterer Nachteil der Zykloidenverzahnung gegenüber der Evolventenverzahnung. Zahndruck und Achsendruck nehmen bei Evolventenverzahnung für größere Eingriffswinkel etwas zu. Doch beträgt diese Zunahme bis 30^0 Eingriffswinkel weniger als 14%. Die Abnützung der Zahnflanken ist neben dem spezifischen Gleiten vom spezifischen Zahndruck abhängig. Die spezifische Flächenpressung zweier Zylinder mit den Radien r und R und der Länge l ergibt sich bei dem Druck N und dem Elastizitätsmodul E nach Hertz aus der Gleichung

$$\sigma^2 = 0{,}175 \cdot N \cdot E \cdot \left(\frac{1}{r} + \frac{1}{R}\right) \cdot \frac{1}{l} \, . \tag{16}$$

Für ein Stirnräderpaar sind in dieser Gleichung für r und R die Krümmungsradien r_c und R_c der Zahnflanken, für die Länge $l = b$ die Radbreite und der Zahndruck $N = \dfrac{P}{\cos\alpha}$ einzusetzen.

$$\sigma^2 = 0{,}175 \cdot P \cdot E \cdot \left(\frac{1}{r_c} + \frac{1}{R_c}\right) \cdot \frac{1}{b \cdot \cos\alpha} \, . \tag{17}$$

Für die Zahnstange mit rechteckigen Zähnen ist $\alpha = 0^0$, $R_c = \infty$ und $r_c = r_0 \cdot w$ einzusetzen. Die Werte der Gleichung

$$\sigma^2 = \frac{0{,}175 \cdot P \cdot E}{b \cdot r_0 \cdot w} \tag{18}$$

zeigt Abb. 17, die für σ senkrecht und für w wagrecht aufgetragen sind. Für $w = 0$ oder am Grundkreis steigt die Kurve des spezifischen Zahndruckes asymptotisch an, ähnlich wie die Kurve der spezifischen Gleitung für ein Zahnrad. Die Abnützung ist daher dort, wo die Eingriffslinie den Grundkreis berührt an der Fußflanke des Zahnrades besonders groß. Man wird daher im allgemeinen den Teil der Fußflanke des Zahnrades unbenutzt lassen.

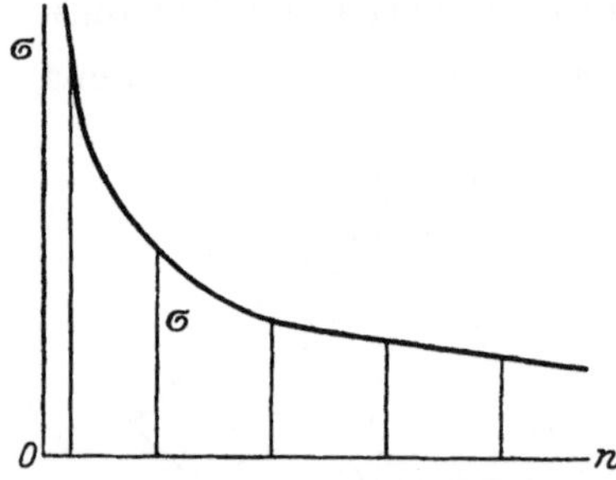

Abb. 17. Spezifischer Flächendruck σ der Zahnrad- und Zahnstangenflanken.

D. Vermeidung der Zahnfußunterschneidung.

Wenn der Abstand des Laufkreises vom Grundkreis gleich dem Grundmodul ist, so findet bei normaler Kopfhöhe des Gegenrades keine Zahnfußunterschneidung statt. Im allgemeinen darf der Kopfkreis des Gegenrades nicht über die Eingriffslinie hinausgehen.

Für die Begrenzung der Zahnkurven kann man die Abstände für Lauf-, Kopf- und Fußkreis vom Grundkreis angeben, indem man diese Maße auf die Teilung oder auf den Modul bezieht. Es wird wie früher zweckmäßig das Verhältnis zum Grundkreismodul m_0 benutzt. Der Abstand a des Laufkreises vom Grundkreis ergibt sich zu

$$a = r \cdot (1 - \cos \alpha) = (1 - \cos \alpha) \cdot m \cdot \frac{z}{2} \, . \tag{19}$$

Daraus ergibt sich die Zähnezahl

$$z = \frac{2 \cdot a}{m \cdot (1 - \cos \alpha)} \tag{20}$$

Multipliziert man diese Gleichung mit dem Ausdruck

$$x = \left(\frac{1}{\cos \alpha} - 1 \right), \tag{21}$$

in dem $\cos \alpha = \dfrac{m_0}{m}$ ist, so ergibt sich bei $a = m_0$

$$\left(\frac{1}{\cos \alpha} - 1 \right) \cdot \frac{2 \cdot a}{m \cdot (1 - \cos \alpha)} = \frac{2 \cdot a \cdot m}{m \cdot m_0} = 2$$

oder

$$z \cdot x = 2 \tag{22}$$

Das ist die Gleichung einer gleichseitigen Hyperbel, bei der nach Abb. 18 x wagrecht und z senkrecht aufgetragen ist. Die in Abb. 5 auf der

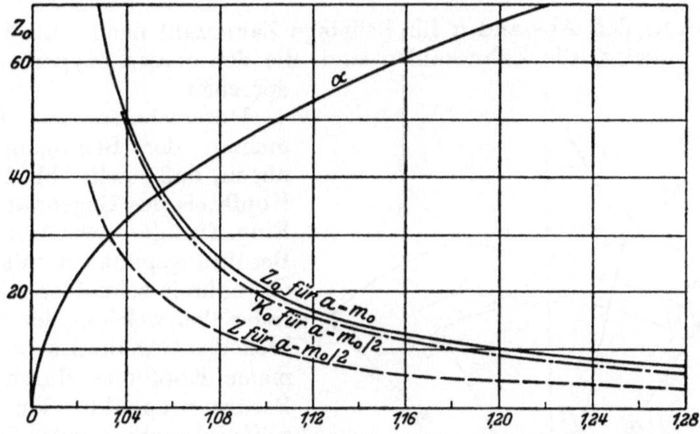

Abb. 18. Eingriffswinkel und Zähnezahlen z_0 für $a = m_0$ und z für $a = m_0/2$.

x-Achse aufgetragenen Werte $\dfrac{m}{m_0} = \dfrac{1}{\cos \alpha}$ geben die Abszissen für Abb. 18, deren Werte $x = \dfrac{m}{m_0} - 1 = \dfrac{1}{\cos \alpha} - 1$ wagrecht aufgetragen sind. Im Achsenmittelpunkt steht anstatt 1 jetzt null. Die Ordinaten der Hyperbel geben die Zähnezahlen der Zahnräder an, bei denen $a = m_0$ ist.

Die Abbildung enthält neben der Hyperbel die Kurve der Eingriffswinkel entsprechend den Gleichungen (1) und (2) oder nach Abb. 5. Man kann daher für jeden Eingriffswinkel die Zähnezahl der unterschnittfreien Stirnräder angeben. Einige Werte derselben sind in Tabelle 1 enthalten. Da nach Gleichung (20) der Abstand a der Zähnezahl proportional ist, so können die Ordinaten der Hyperbel als jene Maße für a angesehen werden, die zu den Zähnezahlen gehören, bei denen $a = m_0$ ist. Bei größeren oder kleineren Zähnezahlen ändern sich die Werte für a im selben Verhältnis wie die Zähnezahlen und man kann das Verhältnis

$$\frac{a}{m_0} = \frac{z}{z_0} \qquad (23)$$

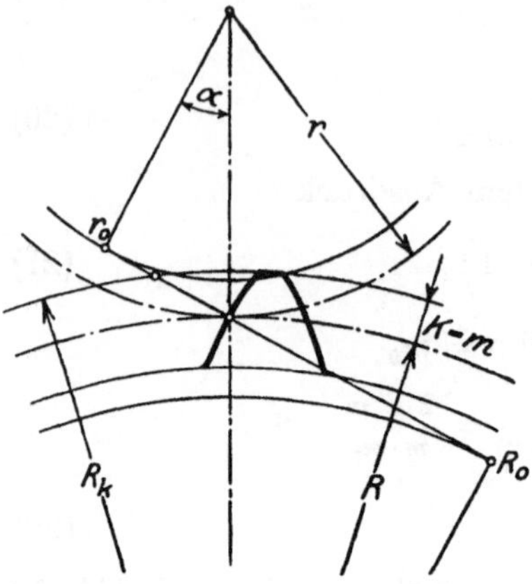

Abb. 19. Der Kopfkreis R_k schneidet die Eingriffslinie zwischen r_0 und R_0.

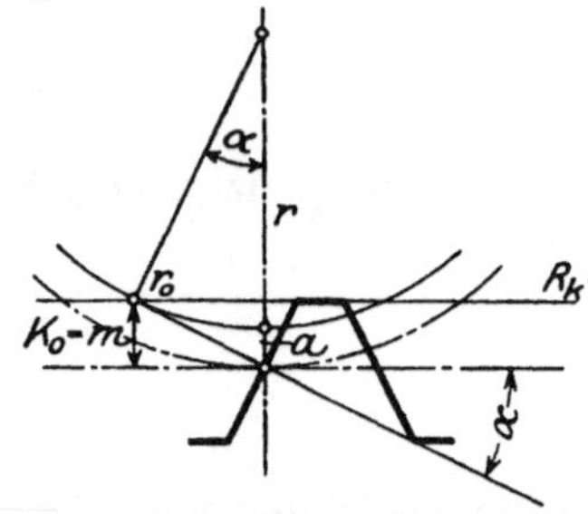

Abb. 20. Die Zahnstangenkopflinie $R_k = \infty$ schneidet die Eingrifflinie in r_0

und daraus den Abstand a für beliebige Zähnezahl nach Abb. 18 angeben, wobei z_0 die Zähnezahlen sind, die der oberen Hyperbel entsprechen.

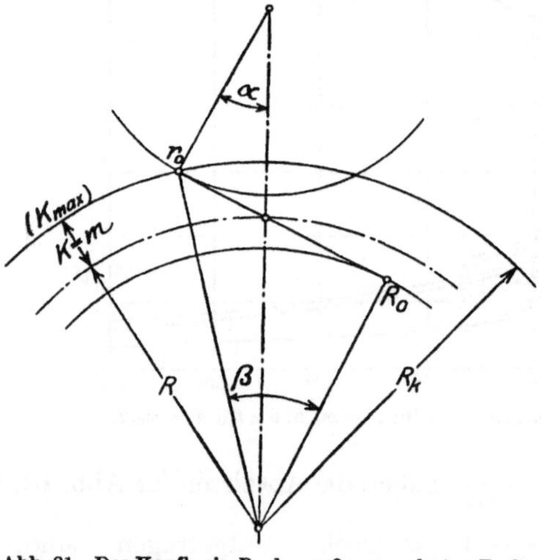

Unterschnittfreie Räder müssen der Bedingung genügen, daß nach Abb. 19 der Kopfkreis des Gegenrades die Eingriffslinie zwischen den Berührungspunkten mit dem Grundkreis schneidet. Zahnräder, bei welchen der Kopfkreis des Gegenrades bei normaler Kopfhöhe durch den Berührungspunkt der Eingriffslinie geht, werden Grenzräder genannt. Die Zähnezahlen derselben ergeben sich für Zahnrad und Zahnstange aus der Gleichung

Abb. 21. Der Kopfkreis R_k des außenverzahnten Rades schneidet die Eingriffslinie in r_0. (Vgl. Schiebel a.a.O.)

$$z_g = \frac{2}{\sin^2 \alpha}, \qquad (24)$$

die sich aus

$$r \cdot \sin^2 \alpha = m \quad \text{und} \quad r = \frac{z_g \cdot m}{2}$$

ergibt, nach Abb. 20. Die Zähnezahlen für das kleine Zahnrad ergeben sich nach Abb. 21 und 22, wenn das Gegenrad ein außen- oder innenverzahntes Rad ist, aus den Gleichungen

$$(R_0 \pm r_0) \cdot \operatorname{tg} \alpha = R_0 \cdot \operatorname{tg} \beta$$

oder

$$1 \pm \frac{z}{Z} = \frac{\operatorname{tg} \beta}{\operatorname{tg} \alpha} \tag{25}$$

und

$$R \cdot \frac{\cos \alpha}{\cos \beta} = R \pm m \,,$$

$$Z \cdot \left(\frac{\cos \alpha}{\cos \beta} - 1 \right) = 2 \,. \tag{26}$$

Da zur Vermeidung übermäßiger Flächendrücke die Eingriffslinie nicht bis zu den Berührungspunkten mit dem Grundkreis benutzt werden soll,

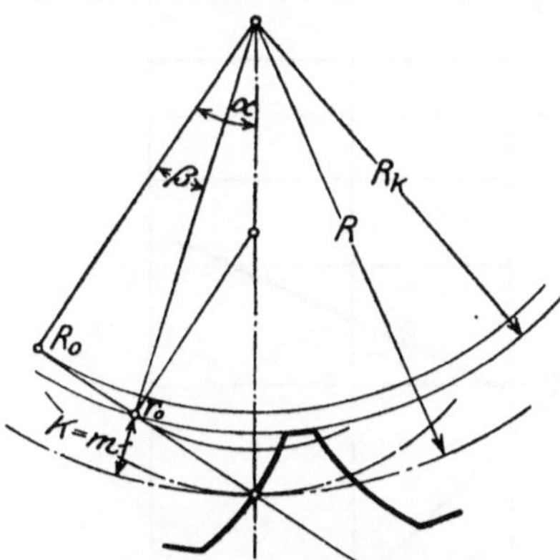

Abb. 22. Der Kopfkreis R_k des innenverzahnten Rades schneidet die Eingriffslinie in r_0.

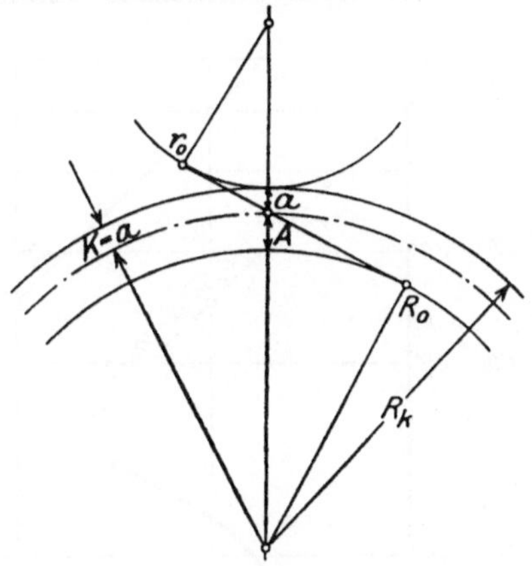

Abb. 23.

sind Grenzräder zu vermeiden. Die Kopfkreise sollen also nicht durch diese Berührungspunkte hindurchgehen, sondern sie sollen die Eingriffslinie innerhalb der Berührungspunkte schneiden. Das tun sie auf alle Fälle, sowohl für außen- als auch für innenverzahnte Räder, wenn der Kopfkreis des Gegenrades den Grundkreis des kleinen Rades berührt. Nach den Abb. 23 und 24 ist dann die Kopfhöhe des Gegen-

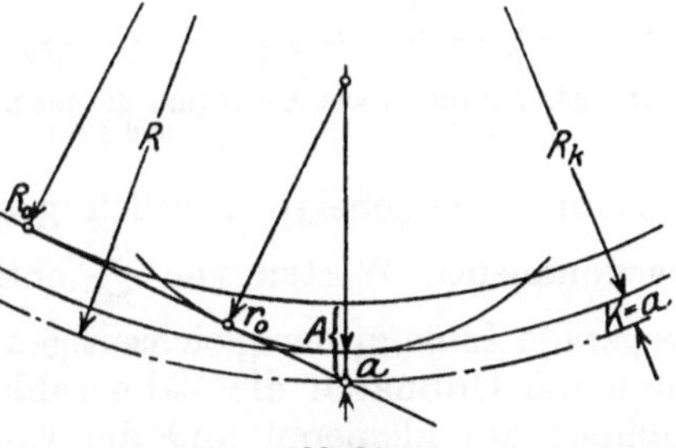

Abb. 24.

Abb. 23 u. 24. Der Kopfkreis R_k berührt den Grundkreis r_0 des kleinen Rades. $R_k = R \pm a$.

rades gleich dem Abstand a zwischen Kopfkreis und Laufkreis. Bezeichnet A diesen Abstand für das große Gegenrad, so erhält man aus der Gleichung

$$\frac{(R_0 \pm r_0)}{\cos \alpha} = R_0 \pm r_0 + A \pm a \tag{27}$$

oder bei dem Übersetzungsverhältnis $i = \dfrac{Z}{z}$ des Räderpaares die Gleichung

$$z \cdot (i \pm 1) \cdot \left(\frac{1}{\cos \alpha} - 1\right) = (i \pm 1) \cdot 2 \cdot \frac{a}{m_0},$$

aus der $i \pm 1$ herausfällt und da $\dfrac{1}{\cos \alpha} - 1 = x$ gesetzt wird, die Gleichung

$$z \cdot x = 2 \cdot \frac{a}{m_0}, \tag{28}$$

der die Gleichung (22) und die gleichseitige Hyperbel (Abb. 18) entspricht. Diese gilt also für alle Übersetzungsverhältnisse.

Trägt man die Werte für x und z nach Abb. 25 wagrecht und senkrecht nach logarithmischem Maßstab auf, so erhält man für die

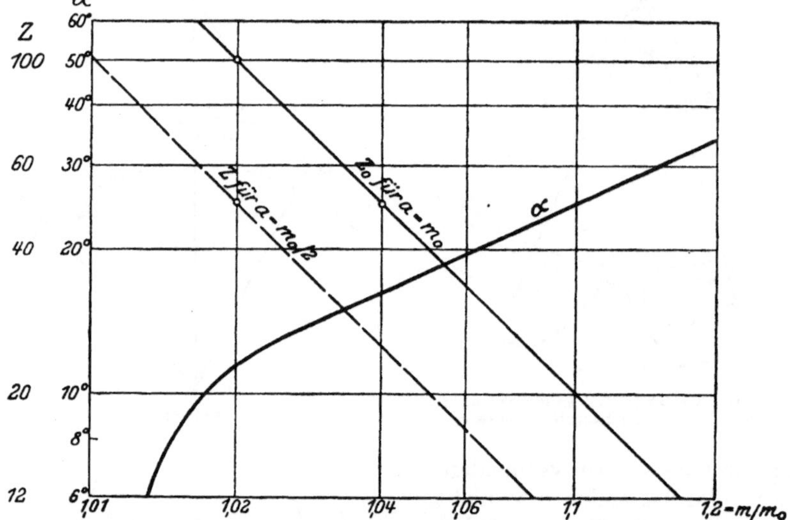

Abb. 25. Logarithmische Auftragung der Eingriffswinkel und der Zähnezahlen z_0 für $a = m_0$ und z für $a = m_0/2$.

Gleichung (28) geneigte parallele gerade Linien in Abständen, die den angenommenen Werten von $\dfrac{a}{m_0}$ entsprechen. Für $\dfrac{a}{m_0} = 1$ entspricht die gerade Linie z_0 der gleichseitigen Hyperbel nach Abb. 18. Sie gibt durch die Ordinaten die Zähnezahlen der Zahnräder an, für die die Fußhöhe des kleineren und die Kopfhöhe des größeren Gegenrades, abgesehen vom Spiel, $K = f = a = m_0$ gleich wird. Für kleinere Zähnezahlen wird diese Bedingung nur erfüllt, wenn der Eingriffswinkel größer als 15° ist. Die Zähnezahl des kleinen Rades ist z. B. $z = 12$ bei 30° Eingriffswinkel. Dafür können solche unterschnittfreie Satzräder mit dem Eingriffswinkel von 30° bei jeder Übersetzung für Außen- und Innenverzahnung mit der normalen Kopfhöhe ausgeführt werden. Der Annahme $a = \dfrac{m_0}{2}$ entspricht eine parallele Hyperbel in

Abb. 18 oder eine parallele Gerade in Abb. 25, deren Ordinaten halb
so große Zähnezahlen ergeben wie die obigen Kurven.

Man kann in diesem Falle die Kopfhöhe des Gegenrades entweder
auf das Maß $\frac{m_0}{2}$ verringern und dafür die Kopfhöhe des kleineren Rades
vergrößern oder die Kopfhöhe des Gegenrades bis zu einem gewissen
Grenzmaß größer als $a = \frac{m_0}{2}$ annehmen, das für außenverzahnte Räder
nach dem Grenzwert der Kopfhöhe K_0 für Zahnstangenräder nach der
Gleichung (vgl. Abb. 20)

$$\frac{K_0}{a} = \sin^2 \alpha : (1 - \cos \alpha) = 1 + \cos \alpha \ . \tag{29}$$

zu berechnen ist.

Dieses Maß der Kopfhöhe ist für jede Übersetzung bei außenverzahnten Rädern noch zulässig. In Abb. 18 sind die Werte für $\frac{K_0}{a}$ mit z
multipliziert als Ordinaten der strichpunktierten K_0-Kurve aufgetragen,
da die Ordinaten der z-Kurven auch die a-Werte darstellen. Für innenverzahnte Räder ist das Maß K_0 bei kleinen Übersetzungen zu groß,
bei außenverzahnten Rädern kann es dagegen bei kleinen Übersetzungen
noch etwas überschritten werden und man kann den Grenzwert $K_{\max}$
für die Kopfhöhe bei innen- oder außenverzahnten Räderpaaren be-
liebiger Übersetzung aus der Gleichung

$$\left(\frac{R_0}{\cos \alpha} \pm K_{\max}\right)^2 = \left[\frac{R_0}{\cos \alpha} \pm (r_0 + a)\right]^2$$
$$+ r_0^2 \mp 2 \cdot r_0 \cdot \left[\frac{R_0}{\cos \alpha} \pm (r_0 + a)\right] \cdot \cos \alpha. \tag{30}$$

berechnen (vgl. Abb. 21 u. 24).

Diese Gleichung gibt aber für verschiedene Übersetzungen und
Zähnezahlen verschiedene Werte für $K_{\max}$ und kann daher nicht
durch eine gemeinsame Grenzkurve darge-
stellt werden, sondern man muß für jede
Übersetzung und Zähnezahl eine besondere
Grenzkurve angeben.

E. Spitze Zähne.

**Neben der Höhenbegrenzung der
Zähne wegen Vermeidung der Zahnfußunterschneidung ist die Zahnhöhe
noch dadurch begrenzt, daß die Zahnkurven sich in einer Spitze schneiden.**

Die Vergrößerung der Kopfhöhe des
kleinen Rades ist durch die Vermeidung
der Unterschneidung um so weniger begrenzt, je größer die Übersetzung ist. Bei
dem Zahnstangenrad wäre sie unbegrenzt.
beschränkt, daß die Zahnflanken sich in

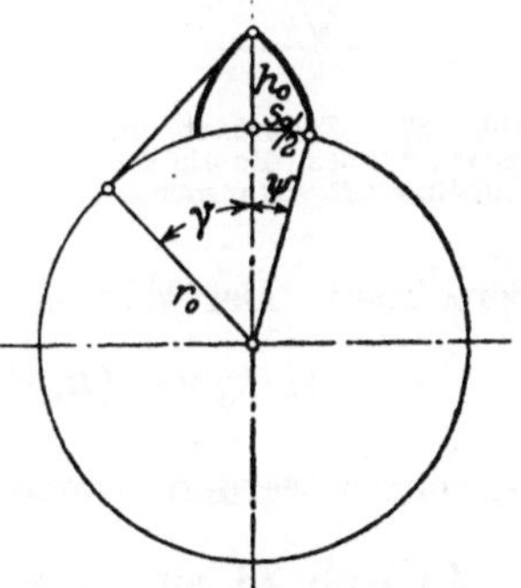

Abb. 26. Die Höhe h_0 des spitzen
Zahnes ist von der Zahnstärke s_0
abhängig.

Sie wird aber dadurch
der Spitze des Zahnes

schneiden. Bei Vergrößerung der Kopfhöhe des Gegenrades ist die Vermeidung des Unterschneidens zu berücksichtigen.

Die Höhe der spitzen Zähne hängt von der Zahnstärke ab. Nach Abb. 26 ergeben sich für das Verhältnis der Kopfhöhe h_0 des spitzen Zahnes zur Zahnstärke s_0 im Grundkreis die Gleichungen

$$h_0 : s_0 = r_0 \cdot \left(\frac{1}{\cos \gamma} - 1 \right) : 2\,r_0 \cdot \psi \,, \tag{31}$$

wobei

$$\psi = \frac{s_0 \cdot \pi}{z \cdot t_0} = \operatorname{tg} \gamma - \gamma \tag{32}$$

der Winkel ist, der zur halben Zahnstärke gehört, bei einem beliebigen Verhältnis der Zahnstärke zur Teilung $\frac{s_0}{t_0}$ und

$$h_0 : s_0 = \left(\frac{1}{\cos \gamma} - 1 \right) \cdot \left(\frac{t_0}{s_0} \right) \cdot \frac{z}{2 \cdot \pi} = \left(\frac{1}{\cos \gamma} - 1 \right) \cdot \frac{m_0 \cdot z}{2 \cdot s_0} \,. \tag{33}$$

Man kann daher die Zähnezahlen jener Zahnräder mit spitzen Zähnen, die die Eingriffslinie r_0 bis R_0 voll ausnützen, aus der Gleichung

$$z = \pi \cdot \frac{\left(\frac{s_0}{t_0} \right)}{(\operatorname{tg} \gamma - \gamma)} = \frac{\left(\frac{s_0}{m_0} \right)}{(\operatorname{tg} \gamma - \gamma)} \tag{34}$$

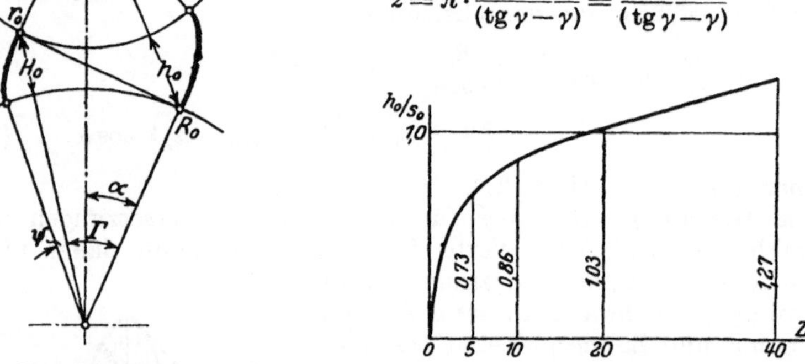

Abb. 27. Zahnräder mit spitzen Zähnen, die die Eingriffslinie r_0R_0 voll ausnützen.

Abb. 28. Zahnhöhen spitzer Zähne bei verschiedenen Zähnezahlen.

berechnen. Der Winkel γ kann nach Abb. 27 aus der Gleichung

$$r_0 \cdot \operatorname{tg} \gamma = (R_0 + r_0) \cdot \operatorname{tg} \alpha \quad \text{oder} \quad \operatorname{tg} \gamma = (i + 1) \cdot \operatorname{tg} \alpha \tag{35}$$

berechnet werden, worin $i = \frac{Z}{z}$ die Übersetzung des Räderpaares ist.

In Abb. 28 sind die Werte für das Verhältnis $\frac{h_0}{s_0}$ der Zahnhöhen spitzer Zähne bei verschiedenen Zähnezahlen und Zahnstärken durch eine Kurve dargestellt. Wagerecht sind die Werte $z \cdot \left(\frac{t_0}{s_0} \right)$, senkrecht die Werte $\frac{h_0}{s_0}$ aufgetragen.

Für das Gegenrad erhält man bei der vom Grundkreis aus gemessenen Zahnhöhe H_0 und der Zahnstärke S_0 im Grundkreis dieselben Gleichungen mit großen Buchstaben:

$$H_0 : S_0 = R_0 \cdot \left(\frac{1}{\cos \Gamma} - 1\right) : 2 \cdot R_0 \cdot \Psi, \qquad (36)$$

$$\Psi = \frac{S_0 \pi}{Z \cdot t_0} = \operatorname{tg} \Gamma - \Gamma, \qquad (37)$$

worin der Winkel Ψ zur Zahnstärke und Γ zur Höhe der spitzen Zähne gehört.

Wenn es darauf ankommt, daß das Gegenrad auch spitze Zähne hat und die Eingriffslinie gleichfalls von R_0 bis r_0 voll ausnützt, so gelten für dieses die Gleichungen (vgl. Abb. 27)

$$(R_0 + r_0) \cdot \operatorname{tg} \alpha = r_0 \cdot \operatorname{tg} \gamma = R_0 \cdot \operatorname{tg} \Gamma, \qquad (38)$$

für die Winkel

$$\operatorname{tg} \Gamma = \frac{\operatorname{tg} \gamma}{i} = (i+1) \cdot \frac{\operatorname{tg} \alpha}{i} \qquad (39)$$

und für die Zahnstärken im Grundkreis

$$s_0 = z \cdot (\operatorname{tg} \gamma - \gamma) \cdot m_0 \qquad (40)$$

des kleinen und

$$S_0 = Z \cdot (\operatorname{tg} \Gamma - \Gamma) \cdot m_0 \qquad (41)$$

des großen Rades.

F. Spielfreier Gang.

Die Zahnstärken der Räder eines Räderpaares sind voneinander abhängig, was durch die Bedingung für spielfreien Gang bestimmt wird.

Sind b_0 und B_0 die im Grundkreis gemessenen Lückenweiten eines Zahnräderpaares, so ist $s_0 + b_0 = S_0 + B_0 = m_0 \cdot \pi = t_0$ die Grundteilung, die im allgemeinen nicht gleich der Summe der Zahnstärken $s_0 + S_0$ ist (vgl. Abb. 29).

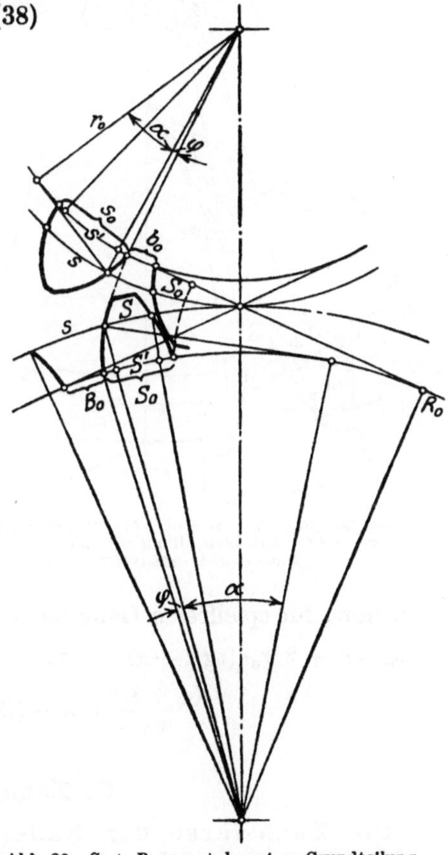

Die Zahnstärke muß aber noch der Bedingung für spielfreien Gang entsprechen. Sind nach Abb. 29 s und S die Zahnstärken im Laufkreis, s' und S' die entsprechenden radial projizierten Teile im Grundkreis, für die die Beziehungen

Abb. 29. $S_0 + B_0 = s_0 + b_0 = t_0 = $ Grundteilung, $s + S = m \cdot \pi = t = $ Laufkreisteilung bei spielfreiem Gang für Außen- und Innenverzahnung.

$$s' = s \cdot \frac{r_0}{r} = s \cdot \frac{m_0}{m} \qquad \text{und} \qquad S' = S \cdot \frac{R_0}{R} = S \cdot \frac{m_0}{m}$$

gelten, so ist, da die Teilung im Laufkreis bei spielfreiem Gang von den Zahnstärken ausgefüllt gleich ihrer Summe sein muß,

$$s + S = t = m \cdot \pi \qquad \text{und} \qquad s' + S' = \frac{(s + S) \cdot m_0}{m} = m_0 \cdot \pi \, ,$$

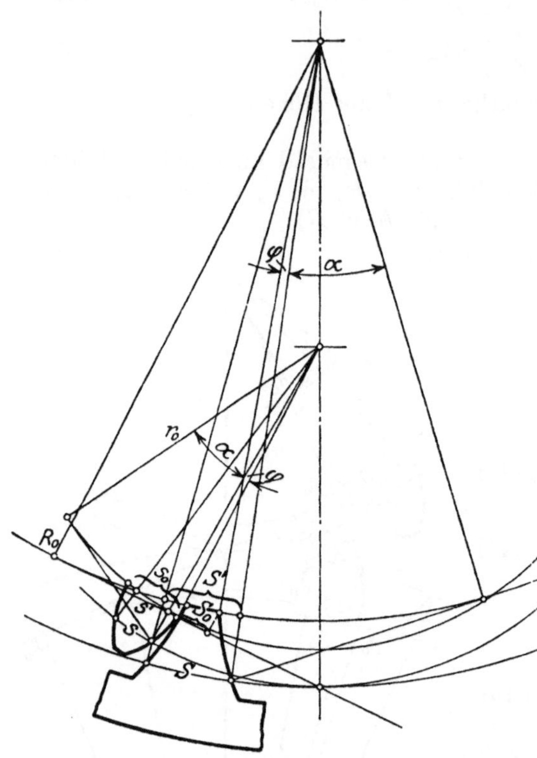

so ergibt sich aus

$$s_0 = s' + 2 \cdot r_0 \cdot (\operatorname{tg} \alpha - \alpha)$$

und

$$S_0 = S' + 2 \cdot R_0 \cdot (\operatorname{tg} \alpha - \alpha)$$

die Gleichung für spielfreien Gang

$$s_0 + S_0 = m_0 \cdot \pi + 2 \cdot (R_0 + r_0) \cdot (\operatorname{tg} \alpha - \alpha) \quad (42)$$

oder

$$\frac{(s_0 + S_0)}{m_0} = \pi + (Z + z) \cdot (\operatorname{tg} \alpha - \alpha) \, . \quad (43)$$

Diese Bedingungsgleichung für spielfreien Gang soll von jeder genauen Verzahnung erfüllt werden. Deshalb wird sie von Dr.-Ing. P. Krüger, der sie in seinem Buche „Die Satzrädersysteme der Evolventenverzahnung“ auf anderem Wege abgeleitet hat, als Grundgleichung bezeichnet (S.7). Für Innenverzahnung ergibt sich die Bedingungs-

Abb. 30. $S_0 + B_0 = s_0 + b_0 = t_0 =$ Grundteilung, $s + S$ $= m \cdot \pi = t =$ Laufkreisteilung bei spielfreiem Gang für Außen- und Innenverzahnung.

gleichung für spielfreien Gang nach Abb. 30 aus den Beziehungen

$$s_0 = s' + 2 \cdot r_0 \cdot (\operatorname{tg} \alpha - \alpha) \qquad \text{und} \qquad S_0 = S' - 2 \cdot R_0 \cdot (\operatorname{tg} \alpha - \alpha) \qquad \text{zu}$$

$$\frac{(s_0 + S_0)}{m_0} = \pi - (Z - z) \cdot (\operatorname{tg} \alpha - \alpha) \, . \quad (44)$$

G. Zahnstärke.

Die Zahnstärke der Räder wird gewöhnlich im Laufkreis angegeben. Man kann aber die Zahnstärke auch im Grundkreis wählen oder für gleiche Festigkeit eines Räderpaares gleiche Zahnstärke in den Fußkreisen annehmen.

Da es sich hier nicht um die absolute Zahnstärke handelt, die von der Kraftübertragung abhängt, sondern um das Verhältnis der Zahnstärke zur Teilung oder zum Grundkreismodul m_0, so kann man dieses zunächst nach der Gleichung für spielfreien Gang (43) oder (44) beurteilen. Wenn die Zähnezahlen der Zahnräder festgelegt sind und die Zahnstärke des kleineren Rades $\dfrac{s_0}{m_0}$ angenommen ist, so ist die Zahnstärke des Gegenrades $\dfrac{S_0}{m_0}$ nur mehr mit dem Eingriffswinkel α veränderlich, da die Gleichung (43) oder (44) keine anderen Variablen mehr enthält. Die Festlegung des Eingriffswinkels führt daher meist zum Verzicht auf vorteilhafte Verzahnung. Von der Frage nach der Festlegung des Eingriffswinkels der Zahnräder ist zu unterscheiden die Frage nach der Festlegung des Eingriffswinkels für Zahnradbearbeitungswerkzeuge, die im weiteren im Zusammenhang mit den Bearbeitungsbedingungen behandelt wird.

Um die Fußstärke der Zahnräder ungefähr gleich zu machen, kann man die Zahnstärke im Grundkreis des kleinen Rades gleich der Fußstärke des großen Rades annehmen. Bezeichnet man nach Abb. 31 mit R_f den Fußkreisradius, mit S_f die Zahnstärke im Fußkreis und mit φ den zugehörigen Tangentenwinkel für das große Rad, so ergeben sich aus der Bedingung, daß bei gleichem Material für gleiche Festigkeit der Zähne eines Räderpaares die Zahnstärke im Fußkreis beider Räder gleich groß sein soll, folgende Beziehungen:

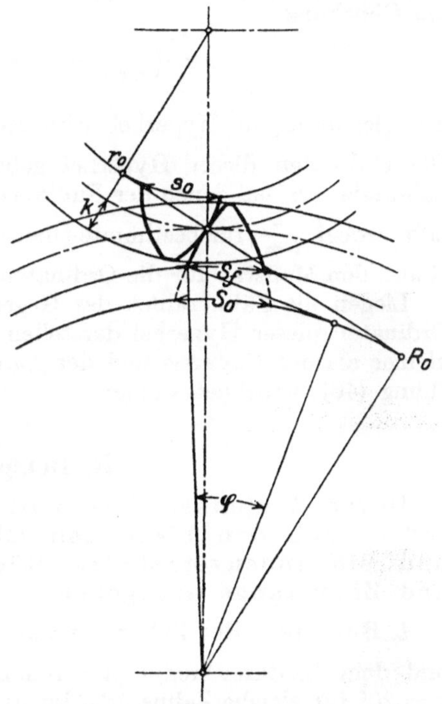

Abb. 31. S_f = Fußstärke des großen Rades gleich s_0 = Zahnstärke im Grundkreis des kleinen Rades.

$$S_f = S_0 - 2 \cdot R_0 \cdot (\operatorname{tg} \varphi - \varphi) = s_0 \quad \text{oder} \quad S_0 - s_0 = 2 \cdot R_0 \cdot (\operatorname{tg} \varphi - \varphi),$$

$$\frac{(S_0 - s_0)}{m_0} = Z \cdot (\operatorname{tg} \varphi - \varphi). \tag{45}$$

Daher kann man aus dieser Gleichung und der Bedingungsgleichung für spielfreien Eingriff:

$$\frac{(S_0 + s_0)}{m_0} = \pi + (Z + z) \cdot (\operatorname{tg} \alpha - \alpha)$$

die Zahnstärken im Fußkreis für beide Räder berechnen, wenn der Winkel φ in folgender Weise ermittelt wird:

Da die Fußhöhe des großen Rades mindestens gleich der Kopfhöhe k des kleinen Rades anzunehmen ist, folgt aus:

$$\frac{R_0}{R_f} = \cos\varphi \quad \text{und} \quad R_f = \left(\frac{R_0}{\cos\alpha}\right) - k \quad \text{oder} \quad \cos\varphi = \frac{(R_0 \cdot \cos\alpha)}{(R_0 - k \cdot \cos\alpha)}$$

die Gleichung:

$$\cos\varphi = \frac{(Z \cdot \cos\alpha)}{\left(Z - 2 \cdot k \cdot \dfrac{\cos\alpha}{m_0}\right)} = \frac{(i \cdot \cos\alpha)}{\left(i - 2 \cdot k \cdot \dfrac{\cos\alpha}{m_0 \cdot z}\right)}. \tag{46}$$

Daraus ergibt sich bei der Grenzbedingung $\varphi = 0$ oder $\cos\varphi = 1$ die Gleichung

$$z \cdot \left(\frac{1}{\cos\alpha} - 1\right) = \frac{2 \cdot k}{i \cdot m_0} = z \cdot x \tag{47}$$

der gleichseitigen Hyperbel Abb. 18, wenn $\dfrac{k}{i \cdot m_0} = 1$ gesetzt wird. Die Ordinaten dieser Hyperbel geben die Zähnezahlen der großen Zahnräder an, bei denen der Fußkreis mit dem Grundkreis zusammenfällt, wobei $\dfrac{k}{i \cdot m_0}$ für bestimmte Übersetzung und Kopfhöhe des kleinen Rades den Maßstab für die Ordinaten angibt.

Liegen die Zähnezahlen des Gegenrades über den Werten, die die Ordinaten dieser Hyperbel darstellen, so ist der Grundkreis desselben kleiner als der Fußkreis und der Tangentenwinkel φ kann nach Gleichung (46) berechnet werden.

H. Beispiele.

Durch Zahlenbeispiele wird die Berechnung der Zahnräder nach den bisherigen Gleichungen für ein außen- und ein innenverzahntes Räderpaar und für Zahnrad und Zahnstange angegeben.

1. Beispiel: Ein Zahnräderpaar mit der Übersetzung $\dfrac{Z}{z} = \dfrac{96}{12} = 8$ und dem Laufkreismodul $m = 5$ mm soll bei einem Eingriffswinkel $\alpha = 20^0$ für gleiche Zahnstärke im Fußkreis berechnet werden

a) für die Annahme $k = m_0$,   b) für spitze Zähne des kleinen Rades.

a) Die Laufkreisdurchmesser sind

$$2 \cdot r = z \cdot m = 12 \cdot 5 = 60 \text{ mm} \quad \text{und} \quad 2 \cdot R = Z \cdot m = 96 \cdot 5 = 480 \text{ mm},$$

Grundkreismodul

$$m_0 = m \cdot \cos\alpha = 5 \cdot 0{,}94 = 4{,}7 \text{ mm},$$

Grundkreisdurchmesser

$$2 \cdot r_0 = 4{,}7 \cdot 12 = 56{,}4 \quad \text{und} \quad 2 \cdot R_0 = 4{,}7 \cdot 96 = 451{,}2 \text{ mm}.$$

Nach Gleichung (46) ergibt sich der Tangentenwinkel aus

$$\cos\varphi = \frac{(i \cdot \cos\alpha)}{\left(i - 2 \cdot k \cdot \dfrac{\cos\alpha}{m_0 \cdot z}\right)} = \frac{8 \cdot 0{,}94}{\left(8 - \dfrac{0{,}94}{6}\right)} = 0{,}96$$

zu $\varphi = 16^0\,20'$, daher ist

$$\frac{(S_0 - s_0)}{m_0} = 96 \cdot (\operatorname{tg}\varphi - \varphi) = 0{,}768$$

nach Gleichung (45) und

$$\frac{(S_0 + s_0)}{m_0} = \pi + 108 \cdot (\operatorname{tg}\alpha - \alpha) = 4{,}76 \,.$$

Daraus ergibt sich $S_0 = 13$ mm und $s_0 = 9{,}4$ mm (vgl. Abb. 32). Die Probe ergibt

$$S_f = S_0 - 2 \cdot R_0 \cdot (\operatorname{tg}\varphi - \varphi)$$
$$= 9{,}4 = s_0\,,$$
$$S' = S_0 - 2 \cdot R_0\,(\operatorname{tg}\alpha - \alpha)$$
$$= 13 - 451 \cdot 0{,}015 = 6{,}23$$

und

$$s' = s_0 - 2 \cdot r_0 \cdot (\operatorname{tg}\alpha - \alpha)$$
$$= 9{,}4 - 56{,}5 \cdot 0{,}015 = 8{,}55,$$

daher ist

$$S' + s' = 14{,}78 = m_0 \cdot \pi\,.$$

Der Kopfkreisdurchmesser des kleinen Rades ist bei der Kopfhöhe

$$k = m_0 = 4{,}7$$

gleich

$$2 \cdot r_k = 2 \cdot r + 2 \cdot k = 69{,}4\,\text{mm}.$$

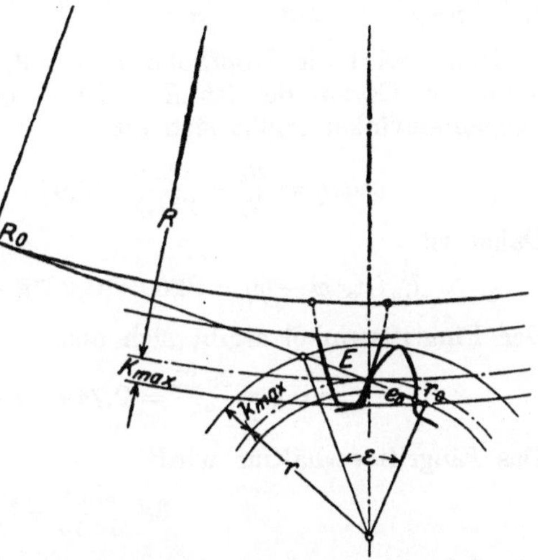

Abb. 32. Außenverzahntes Räderpaar $Z = 96$, $z = 12$, $m = 5$ mm bei gleicher Fußstärke und größter Zahnhöhe.

Für das Gegenrad kann der Kopfkreisradius nach Gleichung (30) berechnet werden aus

$$R_k^2 = (R + r)^2 + r_0^2 - 2 \cdot r_0 \cdot (R + r) \cdot \cos\alpha = 270^2$$
$$+ 28{,}25^2 - 56{,}5 \cdot 0{,}94 = 59\,500 \quad \text{zu} \quad R_k = \sqrt{59\,500} = 244,$$

wenn der Kopfkreis durch den Berührungspunkt r_0 geht. Daher ist die größte Kopfhöhe desselben $K_{\text{max}} = 4$ mm und der zugehörige Teil der Eingriffsstrecke ist $e_0 = r \cdot \sin\alpha = 30 \cdot 0{,}342 = 10{,}26$ mm. Der der Eingriffsstrecke $e_0 + E$ gegenüberliegende Winkel ε ergibt sich aus

$$\cos\varepsilon = \frac{28{,}25}{34{,}7} = 0{,}815$$

zu $\varepsilon = 35^0\,30'$. Die Eingriffsstrecke ist somit

$$e_0 + E = 34{,}7 \cdot \sin\varepsilon = 34{,}7 \cdot 0{,}581 = 20 \text{ mm}$$

und das Eingriffsverhältnis

$$\frac{(e_0 + E)}{t_0} = \frac{20}{14{,}75} = 1{,}35\,.$$

b) Für spitze Zähne des kleinen Rades ergibt sich bei derselben Zahnstärke der zugehörige Zentriwinkel ψ und der Tangentenwinkel γ nach Gleichung (32) aus

$$\psi = \frac{\pi \cdot s_0}{z \cdot t_0} = \operatorname{tg} \gamma - \gamma = \frac{\pi \cdot 9{,}4}{12 \cdot 14{,}75} = 0{,}1665 = 9^0\,30'$$

und $\gamma = 42^0$ und die Zahnhöhe des spitzen Zahnes ergibt sich nach Gleichung (33) aus

$$\frac{h_0}{t_0} = \left(\frac{1}{\cos \gamma} - 1\right) \cdot \frac{z}{2 \cdot \pi} = \frac{0{,}345 \cdot 6}{\pi} = 0{,}66 \quad \text{zu} \quad h_0 = 14{,}75 \cdot 0{,}66 = 9{,}75\ \text{mm}\,.$$

Daher wird die Kopfhöhe $k_{\max} = 9{,}75 - 1{,}75 = 8$. Der Fußkreisradius des Gegenrades ist $R_f = 240 - 8{,}5 = 231{,}5\ \text{mm}$, der zugehörige Tangentenwinkel ergibt sich aus

$$\cos \varphi = \frac{R_0}{R_f} = \frac{225{,}6}{231{,}5} = 0{,}975 \quad \text{zu} \quad \varphi = 12^0\,50'\,.$$

Daher ist

$$R_0 \cdot (\operatorname{tg} \varphi - \varphi) = 225{,}6 \cdot (0{,}2278 - 0{,}224) = 0{,}85\ \text{mm}\,.$$

Der Eingriffswinkel ergibt sich aus

$$\cos \varepsilon = \frac{28{,}25}{38} = 0{,}744 \quad \text{zu} \quad \varepsilon = 41^0\,50'\,.$$

Das Eingriffsverhältnis wird

$$38 \cdot \frac{\sin \varepsilon}{14{,}75} = 1{,}7\,.$$

Die Zahnstärke des Gegenrades im Fußkreis ist

$$S_f = 13 - 2 \cdot 0{,}85 = 11{,}3\ \text{mm}.$$

Um die Zahnstärke beider Räder im Fußkreis gleich zu machen ist für das Verhältnis

$$\frac{k}{m_0} = \frac{8}{4{,}7} = 1{,}7$$

der Tangentenwinkel nach Gleichung (46) nochmals nachzurechnen:

$$\cos \varphi = \frac{8 \cdot 0{,}94}{\left(8 - 1{,}7 \cdot \dfrac{0{,}94}{6}\right)} = 0{,}972 \quad \text{zu} \quad \varphi = 13^0\,30'\,.$$

Die Zahnstärken im Grundkreis ergeben sich aus Gleichung (44) und (45)

$$\frac{(S_0 - s_0)}{m_0} = 96 \cdot (\operatorname{rg} \varphi - \varphi) = 0{,}42 \quad \text{und} \quad \frac{(S_0 + s_0)}{m_0} = 4{,}76$$

$\bullet$ zu $\quad S_0 = 12{,}1\ \text{mm} \quad$ und $\quad s_0 = 10{,}2\ \text{mm}\,.$

Die Probe ergibt für

$$S_f = 12{,}1 - 1{,}7 = 10{,}4\ \text{mm}.$$

Da die Zahnstärke des kleinen Rades etwas größer wurde, werden die Zahnspitzen etwas stumpf.

c) Zahnrad und Zahnstange.

Für gleiche Festigkeit oder gleiche Fußstärke erhält man bei Zahnrad und Zahnstange nach Abb. 33 folgende Beziehungen. Aus

$$S_f = S + 2 \cdot k \cdot \operatorname{tg}\alpha = s_0$$

und

$$S + s = m \cdot \pi$$

folgt

$$\frac{(s_0 + s)}{m} = \pi + 2 \cdot k \cdot \frac{\operatorname{tg}\alpha}{m}$$

und da

$$s' = s_0 - 2 \cdot r_0 \cdot (\operatorname{tg}\alpha - \alpha) = \frac{s \cdot m_0}{m}$$

oder

$$\frac{s}{m} = \frac{s_0}{m_0} - z \cdot (\operatorname{tg}\alpha - \alpha)$$

ist, so ergibt sich die Gleichung

$$\frac{s_0}{m_0} = \left[\pi + \frac{2\,k \cdot \operatorname{tg}\alpha}{m} + z \cdot (\operatorname{tg}\alpha - \alpha)\right] : (1 + \cos\alpha) . \tag{48}$$

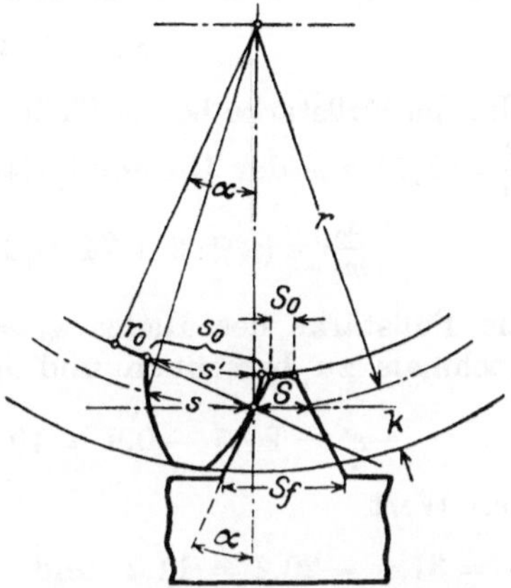

Abb. 33. Zahnrad und Zahnstange mit gleicher Fußstärke der Zähne.

2. **Beispiel:** Zahnrad und Zahnstange sollen für gleiche Festigkeit berechnet werden bei $z = 12$, $m = 10$ mm und $\alpha = 15^0$:

1. unter der Annahme $k = m$ und
2. für spitze Zähne des Zahnstangenrades.

1. Aus der Gleichung (48) ergibt sich

$$\frac{s_0}{m_0} = (\pi + 14 \cdot \operatorname{tg}\alpha - 12 \cdot \alpha) : (1 + 0{,}966) = 1{,}905 \quad \text{oder} \quad s_0 = 1{,}9 \cdot 9{,}7 = 18{,}45 ,$$

daher

$$s' = 18{,}45 - 12 \cdot 9{,}7 \cdot (\operatorname{tg}\alpha - \alpha) = 18{,}45 - 0{,}907 = 17{,}54$$

und

$$s = \frac{s' \cdot m}{m_0} = 18{,}1 .$$

Da $S = m \cdot \pi - s = 13{,}3$, so ergibt sich die Fußstärke der Zahnstangenzähne

$$S_f = S + 2 \cdot k \cdot \operatorname{tg}\alpha = 13{,}2 + 20 \cdot 0{,}268 = 18{,}5 = s_0 .$$

2. Für spitze Zähne des Zahnstangenrades berechnet man den Tangentenwinkel für die Zahnspitze aus

$$\psi = \frac{s_0}{z \cdot m_0} = \operatorname{tg}\gamma - \gamma = 0{,}158 \quad \text{zu} \quad \gamma = 41^0\,20' .$$

Die Zahnhöhe ergibt sich bei derselben Zahnstärke aus

$$\frac{h_0}{m_0} = \left(\frac{1}{\cos\gamma} - 1\right) \cdot \frac{z}{2} = 1{,}98 ,$$

daher

$$h_0 = 1{,}98 \cdot 9{,}7 = 19{,}2 .$$

Die Fußhöhe über dem Grundkreis des Rades ist $f = r - r_0 = 60 - 58,2 = 1,8$, die Kopfhöhe $k = h_0 - f = 17,4$ und $\dfrac{k}{m} = 1,74$. Die Fußstärke der Zahnstange wäre daher bei der Fußhöhe $F = 18$

$$S_f = S + 36 \cdot \operatorname{tg} \alpha = 22,9.$$

Um die Fußstärke beider Teile gleich zu machen, ist für das Verhältnis $\dfrac{k}{m} = 1,74$ aus der Gleichung (48)

$$\frac{s_0}{m_0} = (\pi + 2 \cdot 1,74 \cdot \operatorname{tg}\alpha + 12 \cdot (\operatorname{tg}\alpha - \alpha)) : 1,966 = 2,11$$

die Fußstärke des Rades $s_0 = 2,11 \cdot 9,7 = 20,5$ und der Zahnstange nochmals zu berechnen und man erhält aus

$$s' = 20,5 - 0,9 = 19,6 \quad \text{und} \quad s = \frac{19,6 \cdot 10}{9,7} = 20,2$$

den Wert

$$S = 31,4 - 20,2 = 11,2 \quad \text{und} \quad S_f = 11,2 + 36 \cdot 0,268 = 20,85 = \sim s_0 \,.$$

Die Spitze der Zähne des Zahnrades ist etwas abgestumpft.

d) Innenverzahnung.

Bei Innenverzahnung ergeben sich nach Abb. 34 für gleiche Festigkeit beider Räder oder für gleiche Fußstärke derselben folgende Beziehungen:

aus $\quad S_0 = S' - 2 \cdot R_0 \cdot (\operatorname{tg}\alpha - \alpha) \quad$ und $\quad s_0 = s' + 2 \cdot r_0 \cdot (\operatorname{tg}\alpha - \alpha)$

erhält man, da $S' + s' = m_0 \cdot \pi$ ist, die Gleichung

$$\frac{(S_0 + s_0)}{m_0} = \pi - (Z - z) \cdot (\operatorname{tg}\alpha - \alpha) \,. \tag{49}$$

Die Fußstärke des Hohlrades ist

$$S_f = S_0 + 2 \cdot R_0 \cdot (\operatorname{tg}\varphi - \varphi) = s_0 \,.$$

Daraus ergibt sich die Gleichung

$$\frac{(S_0 - s_0)}{m_0} = - Z \cdot (\operatorname{tg}\varphi - \varphi) \,. \tag{50}$$

Aus den Gleichungen (49) und (50) kann man die Zahnstärken beider Räder berechnen, indem man den Tangentenwinkel aus der Beziehung

$$\cos\varphi = \frac{R_0}{(R + k)} = \frac{R_0 \cdot \cos\alpha}{(R_0 + k \cdot \cos\alpha)}$$

$$= \frac{Z \cdot \cos\alpha}{\left(Z + 2 \cdot k \cdot \dfrac{\cos\alpha}{m_0}\right)} = \frac{i \cdot \cos\alpha}{\left(i + 2 \cdot k \cdot \dfrac{\cos\alpha}{m_0 \cdot z}\right)} \,. \tag{51}$$

3. Beispiel: Ein Hohlrad wird von einem Zahnrädchen mit der Übersetzung $\dfrac{Z}{z} = \dfrac{96}{12} = 8$ und dem Laufkreismodul $m = 5\,\text{mm}$ an-

getrieben. Das Räderpaar soll berechnet werden für den Eingriffswinkel $\alpha = 20^0$

1. für die Annahme $k = m_0$ und 2. für spitze Zähne des kleinen Rades.

1. $\qquad 2 \cdot R = 480, \qquad 2 \cdot R_0 = 451,2, \qquad 2 \cdot r = 60, \qquad 2 \cdot r_0 = 56,4,$

$$\cos \varphi = \frac{8 \cdot 0,94}{\left(8 + \dfrac{0,94}{6}\right)} = 0,92, \qquad \varphi = 23^0.$$

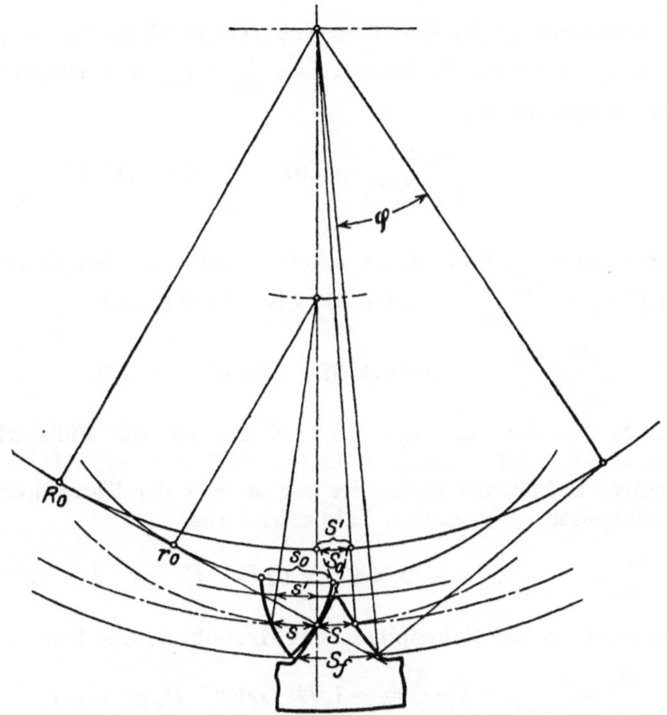

Abb. 34. Treibrad und Hohlrad mit gleicher Fußstärke der Zähne.

Aus den Gleichungen

$$\frac{(S_0 - s_0)}{m_0} = - 96 \cdot (\operatorname{tg} \varphi - \varphi) = - 2,21$$

und

$$\cdot \frac{(S_0 + s_0)}{m_0} = \pi - (Z - z) \cdot (\operatorname{tg} \alpha - \alpha) = \pi - 84 \cdot 0,015 = 1,88$$

ergibt sich

$$S_0 = - 0,77 \quad \text{und} \quad s_0 = 9,62.$$

Die Fußstärke im Grundkreis und die Stärke im Fußkreis des Hohlrades wird

$$S_f = S_0 + 2 \cdot R_0 \cdot (\operatorname{tg} \varphi - \varphi) = - 0,77 + 451,2 \cdot 0,0231 = 9,63 = s_0.$$

2. Für spitze Zähne des kleinen Rades berechnet man den Tangentenwinkel für die Zahnspitze aus

$$\psi = \frac{s_0}{z \cdot m_0} = \frac{2,045}{12} = 0,17 = \operatorname{tg} \gamma - \gamma \quad \text{zu} \quad \gamma = 42^0\, 10'\,.$$

Die Zahnhöhe ergibt sich bei derselben Zahnstärke aus

$$\frac{h_0}{m_0} = \left(\left(\frac{1}{\cos \gamma}\right) - 1\right) \cdot \frac{z}{2} = 2,07 \quad \text{zu} \quad h_0 = 9,74 \quad \text{und} \quad k = h_0 - f = 8\,.$$

Um die Zahnstärke beider Räder im Fußkreis gleich zu machen, ist der Tangentenwinkel für das Verhältnis $\dfrac{k}{m_0} = \dfrac{8}{4,7} = 1,7$ nach Gleichung (51) nochmals nachzurechnen:

$$\cos \varphi = \frac{8 \cdot 0,94}{\left(8 + 1,7 \cdot \dfrac{0,94}{6}\right)} = 0,91 \quad \text{zu} \quad \varphi = 24^0\, 30'\,.$$

Die Zahnstärken im Grundkreis ergeben sich aus den Gleichungen (49) und (50), da $\dfrac{(S_0 + s_0)}{m_0} = 1,88$ wie oben bleibt und

$$\frac{(S_0 - s_0)}{m_0} = -96 \cdot (0,4557 - 0,4276) = -2,79$$

wird, zu $S_0 = -2,1$ und $s_0 = 10,9$, daher ist die Fußstärke des Hohlrades $S_f = -2,1 + 451,2 \cdot 0,0281 = 10,7 = {\sim}\, s_0$.

Für spitze Zähne des Hohlrades ergibt sich der Tangentenwinkel für die Zahnspitze bei derselben Zahnstärke aus

$$\Psi = \frac{S_0}{Z \cdot m_0} = -\frac{2,1}{96 \cdot 4,7} = -0,00465 = \operatorname{tg} \Gamma - \Gamma \quad \text{zu} \quad \Gamma = 13^0\, 40'\,.$$

Daher ist Abstand der Zahnspitze vom Grundkreis des Hohlrades

$$\frac{H_0}{m_0} = \left(\frac{1}{\cos \Gamma} - 1\right) \cdot \frac{Z}{2} = -1,04 \quad \text{oder} \quad H_0 = -6,7$$

vom Abstand des Laufkreises vom Grundkreis $240 - 225,6 = 14,4$ abzuziehen und gibt die Kopfhöhe

$$K = 14,4 - 6,7 = 7,7\,.$$

Wenn der Kopfkreis des Hohlrades durch den Berührungspunkt r_0 der Eingriffslinie geht, so ergibt sich der Tangentenwinkel nach Gleichung (38) aus

$$(R_0 - r_0) \cdot \operatorname{tg} \alpha = R_0 \cdot \operatorname{tg} \Gamma = (i - 1) \cdot \frac{\operatorname{tg} \alpha}{i} = \frac{7 \cdot \operatorname{tg} \alpha}{8} = 0,234$$

$$\text{zu} \quad \Gamma = 13^0\, 10'\,.$$

Zu diesem Winkel gehört eine Kopfhöhe, die die spitzen Zähne des Hohlrades nicht mehr erreichen.

J. Eingriffsverhältnis.

Eine weitere Begrenzung der Zahnflanken wird durch das Eingriffsverhältnis bestimmt.

Damit der Eingriff nicht unterbrochen wird, muß die Eingriffsstrecke, die zwischen den Schnittpunkten der Kopfkreise eines Räderpaares mit der Eingriffslinie liegt, mindestens gleich der Teilung im Grundkreis sein. Das Eingriffsverhältnis ε oder das Verhältnis der Eingriffsstrecke zur Teilung soll daher größer als 1 sein. Das Eingriffsverhältnis hängt vom Eingriffswinkel und von der Kopfhöhe der Räder ab.

Zur Ermittelung der kleinsten Zähnezahl, die bei der größten zulässigen Kopfhöhe und bei einem bestimmten Eingriffsverhältnis möglich ist, kann man nach Abb. 35 den Kopfkreis des großen Rades bei Vermeidung der Unterschneidung durch den Berührungspunkt r_0 des kleinen Grundkreises legen, den Kopfkreis des kleinen Rades durch das Ende der spitzen Zähne. Dann erhält man aus folgenden Beziehungen:

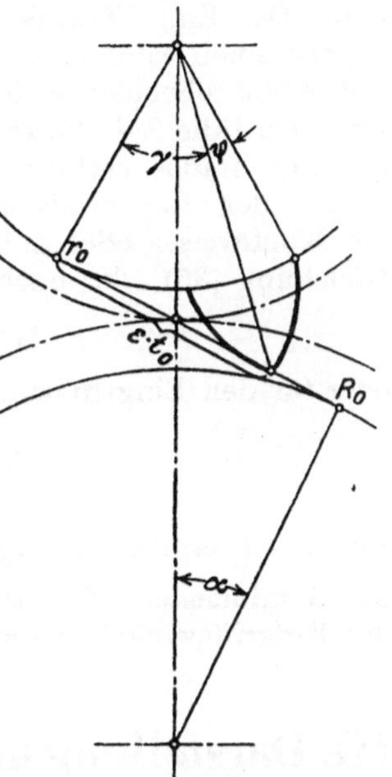

$$r_0 \cdot \mathrm{tg}\,\gamma = \varepsilon \cdot m_0 \cdot \pi \quad \text{oder} \quad z \cdot \mathrm{tg}\,\gamma = 2 \cdot \varepsilon \cdot \pi$$

und
$$\psi = \mathrm{tg}\,\gamma - \gamma = \frac{s_0}{z \cdot m_0}$$

nach Gleichung (32) die Gleichungen

$$z \cdot \gamma = 2 \cdot \varepsilon \cdot \pi - \frac{s_0}{m_0} \quad \text{und} \quad z \cdot \mathrm{tg}\,\gamma = 2 \cdot \varepsilon \cdot \pi$$

oder
$$\frac{\gamma}{\mathrm{tg}\,\gamma} = 1 - \frac{s_0}{m_0 \cdot 2 \cdot \varepsilon \cdot \pi} \tag{52}$$

$$\frac{s_0}{m_0} = 2 \cdot \varepsilon \cdot \pi \cdot \left(1 - \frac{\gamma}{\mathrm{tg}\,\gamma}\right) \tag{53}$$

und
$$z = \frac{2 \cdot \varepsilon \cdot \pi}{\mathrm{tg}\,\gamma}. \tag{54}$$

Abb. 35. Begrenzung der Zähnezahl durch das Eingriffsverhältnis = 1.

Setzt man $\dfrac{s_0}{\varepsilon \cdot m_0} = 1$, so ergibt sich aus der Gleichung (52)

$$\frac{\gamma}{\mathrm{tg}\,\gamma} = 1 - \frac{1}{2 \cdot \pi} = 0,841$$

der Winkel $\gamma = 39^0$, $\psi = 0,129$ und die kleinste Zähnezahl

$$z = \frac{1}{\psi} = 7,7 = \sim 8$$

bei dem Eingriffsverhältnis $\varepsilon = \dfrac{s_0}{m_0}$, das größer als 1,5 ist, wenn die Zahnstärke im Grundkreis des kleinen Rades größer als die halbe Teilung angenommen wird.

Sie kann noch kleiner sein.

Wenn man $\dfrac{s_0}{\varepsilon \cdot m_0} = 2$ annimmt, ergibt sich aus $\dfrac{\gamma}{\mathrm{tg}\,\gamma} = 1 - \dfrac{1}{\pi} = 0,682$ der Winkel $\gamma = 54^0$ und die Zähnezahl bei dem kleinsten Eingriffsverhältnis $\varepsilon = 1$ zu $z = \dfrac{2 \cdot \pi}{\mathrm{tg}\,\gamma} = \sim 5$. Dabei ist die Zahnstärke im Grundkreis $s_0 = 2 \cdot m_0$. Das Eingriffsverhältnis kann noch etwas größer sein, wenn die Zahnstärke größer angenommen wird, z. B. bei $\varepsilon = 1,2$ ist $s_0 = 2,4 \cdot m_0$.

Bei der Zähnezahl $z = 4$ ist bei $\varepsilon = 1$ der Winkel $\gamma = 57^0\,30'$ und $s_0 = 2,27 \cdot m_0$ anzunehmen. Zu der Zahnstärke im Grundkreis gehört ein Winkel $2 \cdot \psi$, der sich aus $\psi = \mathrm{tg}\,\gamma - \gamma = 0,57$ zu $2 \cdot \psi = 59^0\,20'$ ergibt. Der Eingriffswinkel und die Zahnstärke kann nicht viel größer angenommen werden, denn wenn die Zahnflanken bis zum Grundkreis sich nicht schneiden sollen, muß der Winkel $2 \cdot \psi$ kleiner als 90^0 sein, sonst wird die Zahnlückenweite im Grundkreis so klein, daß die Zähne des Gegenrades verkürzt werden.

Da der Gegenradgrundkreis die Eingriffslinie im Schnittpunkt des Kopfkreises oder außerhalb desselben berührt, so ergibt sich nach Gleichung (35) oder nach Abb. 35

$$r_0 \cdot \mathrm{tg}\,\gamma \lesseqgtr (R_0 + r_0) \cdot \mathrm{tg}\,\alpha$$

oder für den Eingriffswinkel die Gleichung

$$\mathrm{tg}\,\alpha \geq \frac{\mathrm{tg}\,\gamma}{(i + 1)} = \frac{2 \cdot \varepsilon \cdot \pi}{(Z + z)}. \tag{55}$$

Für $i = 1$ ergibt sich $\mathrm{tg}\,\alpha = \dfrac{\mathrm{tg}\,\gamma}{2}$. Der Eingriffswinkel ist z. B. bei $z = 8$ mindestens 23^0 anzunehmen. Bei größerer Übersetzung kann der Eingriffswinkel kleiner sein.

III. Darstellung und Bearbeitung der Zahnformen.

Die Bearbeitung der Zahnformen beruht auf Anwendungen ihrer geometrischen Entwickelung durch bewegte Linien oder Flächen.

Die Form der Zahnkurven wird in einer Ebene dargestellt, die meist als Querschnittebene senkrecht zur Achse des Zahnrades geführt ist. Für die Stirnräder mit geraden Zähnen genügt diese Darstellung, denn die Zähne derselben sind prismatisch und die Querschnitte decken sich, wenn sie in der Richtung der Achse projiziert werden, was bei anderen Zahnrädern nicht der Fall ist. Bei der geometrischen Entwickelung und Bearbeitung der Zahnformen kann man sich die Punkte der Zahnkurven bewegt denken, wobei die Zahnflanken von den Flächen, die bei der Bewegung beschrieben werden, gebildet oder durch Hüllflächen erzeugt werden, die bei der Bewegung entstehen. Die Hüllflächen entstehen, indem man sich zwei benachbarte Punkte der Zahnkurven durch eine gerade Linie oder Kurve verbunden denkt, die die Zahnkurve berührt und eine zur Erzeugung der Zahnflanken geeignete

Bewegung erhält. Man kann die Zahnformen auch so entstanden denken, daß bei geraden Zähnen eine, die Zahnflanke beschreibende gerade Linie, oder bei gekrümmten Zähnen eine Kurve oder eine Fläche entlang der Zahnkurven parallel verschoben, oder verschoben und gedreht wird. Endlich kann man beide Bewegungsarten vereinigen, d. h. die Zahnkurven und die beschreibenden Linien oder Flächen bewegen.

Die bewegten Punkte, Linien oder Flächen kann man mit Körpern verbunden annehmen, die als Gegenrad oder als Werkzeug ausgebildet sind. Dabei ist die Bewegung dieser Teile und die Bewegung des Werkrades relativ, d. h. man kann die Teile, wie oben beschrieben, in verschiedener Weise gegenseitig bewegen, indem der eine Teil ruht und der andere bewegt ist, oder beide bewegt annehmen.

Die Formen der Werkzeuge für ein bestimmtes Werkrad und die Bewegungen zur Erzeugung desselben sind mannigfaltig. Ebenso kann dasselbe Zahnprofil zur Erzeugung verschiedener Radformen dienen, z. B. für Stirnräder mit geraden oder schrägen Zähnen, für außen- und innenverzahnte Räder, für Zahnstangen, Kegelräder, Schraubenräder, Schnecken usw.

Gewöhnlich geht man von dem Profil der Zahnstange mit geraden Zahnflanken aus, da dieses am einfachsten genau hergestellt werden kann. Dieses wird entweder selbst benutzt und als Zahnstange mit geraden oder mit schrägen Zähnen, als Schnecke, als Schraubenmutter, als Schraubenmutterzahnstange oder als Teile derselben ausgebildet, oder man benutzt die so ausgebildeten Teile als Werkzeug zur Bearbeitung anderer Zahnräder oder Zahnstangen, z. B. den Schneidstahl mit trapezförmigem Querschnitt, den Kamm- oder Zahnstangenstahl, den Schneckenfräser usw. oder man benutzt sie als Primärwerkzeug zur Herstellung der für die Bearbeitung anderer Räder geeigneten Sekundärwerkzeuge, z. B. für Stoßräder, Formfräser, Schneckenfräser usw.

Bei der Bearbeitung wird die Bewegung zwischen Werkstück und Werkzeug aus mehreren Teilbewegungen zusammengesetzt, aus der Schnitt-, Vorschub-, Schalt- und Wälzbewegung. Diese Teilbewegungen sind an der Erzeugung der Zahnflanken in verschiedener Weise beteiligt. Sie werden miteinander verschieden kombiniert, können sich gegenseitig ergänzen oder ersetzen und bilden im Zusammenhang mit den Formen der Werkzeuge und Werkstücke die Grundlage für die verschiedenen Zahnradbearbeitungsarten, die im folgenden behandelt werden. Man kann die Bearbeitungsarten einteilen nach den Radformen in die Bearbeitung für Stirnräder mit geraden Zähnen für Außen-, Innen- und Zahnstangenverzahnung, für Stirnräder mit schrägen Zähnen, für Kegelräder mit geraden und schrägen Zähnen, für Schraubenräder und Schnecken, für Zahnräder mit Winkelzähnen usw., oder man kann sie einteilen nach den Formen der Werkzeuge, die als Schneidstähle, Stoßräder, Schneckenfräser usw. ausgebildet werden, oder nach der Haupt- oder Schnittbewegung, für die das Hobeln oder Stoßen, das Fräsen oder Schleifen, das Drehen usw. benutzt wird. Endlich kann man die Bearbeitungsarten einteilen nach den Schalt-

und Wälzbewegungen, die bei den Teil- und Abwälzverfahren zur Anwendung kommen.

Bei den Abwälzverfahren, die bei der gebräuchlichen Zahnradbearbeitung meistens zur Anwendung kommen, ist die Form der Zahnflanken hauptsächlich von der Form der Werkzeugschneide und von der Abwälzbewegung abhängig. Die Wälzbewegung zwischen Werkzeug und Werkstück geschieht im allgemeinen in ähnlicher Weise wie die Wälzbewegung zweier miteinander arbeitenden Getriebeteile, die aus Zahnrad und Zahnstange, aus einem Stirnräderpaar, Schnecke und Schraubenrad usw. bestehen. Man kann also für die Abwälzverfahren die Bewegung der miteinander kämmenden Getriebeteile zugrunde legen. Es kämmen miteinander

1. die Zahnstange mit geraden Zähnen mit dem Stirnrad mit geraden Zähnen oder dieses mit einem solchen Gegenrad. Die Wälzbewegung von Zahnrad und Zahnstange wird z. B. benutzt bei dem Abwälzhobeln mit dem Schneidstahl oder mit dem Kammstahl, die Wälzbewegung eines Stirnräderpaares wird benutzt bei dem Abwälzverfahren mit dem Stoßrad.

2. Es kämmen miteinander die Zahnstange mit schrägen Zähnen mit einem solchen Zahnrad und einem solchen Gegenrad, und die Wälzbewegung dieser Teile bildet die Grundlage für Abwälzverfahren zum Hobeln von Zahnrädern mit schrägen Zähnen u. dgl.

3. Kämmen miteinander eine Schnecke mit einem Schraubenräderpaar und die Wälzbewegung dieser Getriebe kann benutzt werden für die Abwälzverfahren mit Schneckenfräsern zur Herstellung von Stirnrädern mit geraden oder schrägen Zähnen von Zahnstangen, Schraubenrädern usw. Mit der Anwendung der Wälzbewegung dieser Getriebe sind die verschiedenen Arten der Abwälzverfahren noch nicht erschöpft und weitere werden später für die Bearbeitung von Kegelrädern und Schraubenrädern behandelt.

Für die Herstellung vorteilhafter Verzahnungen durch die genannten Abwälzverfahren, die zunächst zur Behandlung kommen, sind folgende Angaben für die Form der Werkzeuge und für die Einstellung derselben zu machen.

IV. Bearbeitungsangaben.

Zur Bearbeitung sind Angaben für Werkzeug und Werkstück erforderlich: A. für Schneidstahl, B. Kammstahl, C. Stoßrad, D. Schneckenfräser.

Die Bearbeitungsangaben sind nach der Form der Werkzeuge und Werkstücke und nach der Art der Bearbeitung verschieden. Sie enthalten Maßangaben für das Werkzeug, für das Werkstück und für die Lage des Werkzeuges zum Werkstück bei der Einstellung desselben.

A. Für die Bearbeitung mit dem Schneidstahl.

Bezeichnet nach Abb. 36b die Breite des trapezförmigen Schneidstahles, tangential an den Grundkreis des zu bearbeitenden Zahnrades gemessen, α_s den Schneidstahlwinkel, der gewöhnlich gleich dem normalen Eingriffswinkel angenommen wird. Ferner ist b_0 der zugehörige Grundkreisbogen bis zum Fußpunkt der Evolventen oder die Lückenweite, b_0' der Bogen, der bis zum Berührungspunkt der Eingriffslinie reicht, und b_1 die entsprechende Stahlbreite, bei der die verlängerte Schneidkante durch die Radmitte geht, so erhält man folgende Beziehungen für die Bearbeitung des kleineren Zahnrades eines Stirnräderpaares mit geraden Zähnen: aus

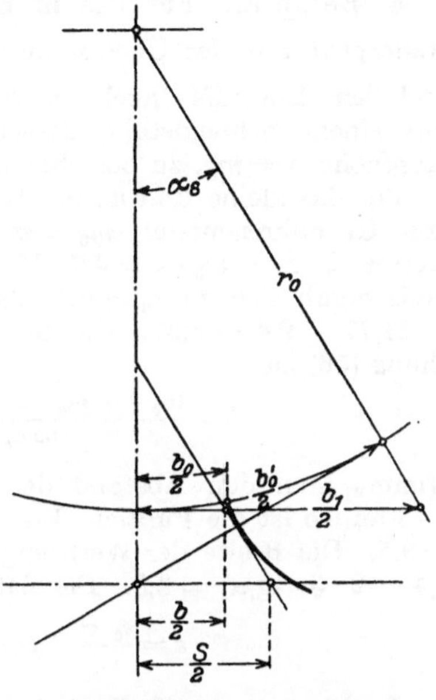

$$\frac{b_1}{2} = r_0 \cdot \operatorname{tg} \alpha_s \quad \text{und} \quad \frac{b_0'}{2} = r_0 \cdot \alpha_s$$

folgt

$$\frac{b_0'}{b_1} = \frac{a_s}{\operatorname{tg} \alpha_s},$$

ferner ist

$$\frac{b_0'}{2} = \frac{b_0}{2} + (b_1 - b) \cdot \frac{\cos \alpha_s}{2}$$

oder

$$\frac{b_0}{2} = \frac{(b_1 \cdot \alpha_s)}{2 \cdot \operatorname{tg} \alpha_s} - (b_1 - b) \cdot \frac{\cos \alpha_s}{2},$$

mit obigem Wert für b_1 ist

$$\frac{b_0}{2} = r_0 \cdot \alpha_s - r_0 \cdot \sin \alpha_s + b \cdot \frac{\cos \alpha_s}{2}$$

oder

$$b_0 = m_0 \cdot z \cdot (\alpha_s - \sin \alpha_s) + b \cdot \cos \alpha_s.$$

Man erhält daher für das kleine Rad die Gleichung

Abb. 36. Bearbeitungsangaben α_s Flankenwinkel der Schneide, b Schneidenbreite im Abstand r_0, b_0 Zahnlückenweite.

$$\frac{b_0}{m_0} = \frac{b \cdot \cos \alpha_s}{m_0} + z \cdot (\alpha_s - \sin \alpha_s) \tag{56}$$

und für das große Rad

$$\frac{B_0}{m_0} = \frac{B \cdot \cos \alpha_s}{m_0} + Z \cdot (\alpha_s - \sin \alpha_s),$$

oder für das Räderpaar

$$\frac{(B_0 + b_0)}{m_0} = (B + b) \cdot \frac{\cos \alpha_s}{m_0} + (Z + z) \cdot (\alpha_s - \sin \alpha_s),$$

hierzu

$$\frac{(S_0 + s_0)}{m_0} = \pi + (Z + z) \cdot (\operatorname{tg} \alpha - \alpha)$$

als Gleichung für spielfreien Gang gibt für ein Räderpaar mit Außenverzahnung die Bedingungsgleichung für Bearbeitung mit dem Schneidstahl

$$(Z + z) \cdot (\operatorname{tg} \alpha - \alpha) = \pi - (Z + z) \cdot (\alpha_s - \sin \alpha_s) - (B + b) \cdot \frac{\cos \alpha_s}{m_0}. \tag{57}$$

Diese Gleichungen können dazu benutzt werden, bei bestimmtem Schneidstahlwinkel α_s einen geeigneten Eingriffswinkel α, mit den Maßen B und b die Einstellung des Schneidstahles in radialer Richtung oder die seitliche Verstellung desselben zu ermitteln. Sie können auch angewendet werden für die Bearbeitung mit dem Kammstahl oder mit dem Schneckenfräser.

4. Beispiel. Für das in Beispiel 1 berechnete außenverzahnte Räderpaar mit der Übersetzung $\dfrac{Z}{z} = \dfrac{96}{12}$, dem Laufkreismodul $m = 5$ und dem Eingriffswinkel $\alpha = 20^0$ sind die Angaben der Bearbeitung mit einem Schneidstahl, dessen Winkel $\alpha_s = 15^0$ beträgt, bei der Kopfhöhe $k = m_0$, zu berechnen.

Für das kleine Rad ist der Laufkreisdurchmesser $2 \cdot r = z \cdot m = 60$, der Grundkreismodul $m_0 = m \cdot \cos \alpha = 4{,}7$, der Grundkreisdurchmesser $2 \cdot r_0 = m_0 \cdot z = 4{,}7 \cdot 12 = 56{,}4$. Die Zahnstärke im Grundkreis ergab sich zu $s_0 = 9{,}4$, daher ist die Lückenweite $b_0 = t_0 - s_0 = 14{,}77 - 9{,}4 = 5{,}37$. Die Breite der Schneide ergibt sich aus Gleichung (56) zu

$$b = \frac{(b_0 - z \cdot m_0 \cdot (\alpha_s - \sin \alpha_s))}{\cos \alpha_s} = \frac{5{,}22}{0{,}966} = 5{,}4 \,.$$

Nimmt man den Abstand der Werkzeugspitze vom Grundkreis zu $- 3$ an, so ist die Fußtiefe $3 + 1{,}8 = 4{,}8$ und die Zahnhöhe $4{,}8 + 4{,}7 = 9{,}5$. Die Breite der Werkzeugschneide an der Spitze ergibt sich zu $5{,}4 - 2 \cdot 3 \cdot \text{tg}\, \alpha_s = 3{,}8$. Die Zahnstärke im Teilkreis ist

$$s = \frac{s_0 \cdot m}{m_0} - z \cdot m \cdot (\text{tg}\, \alpha - \alpha) = 9{,}1 \,,$$

die Lückenweite im Teilkreis ist $5 \cdot \pi - s = 6{,}6$. Der Kopfkreisdurchmesser ist $2 \cdot r_k = 2 \cdot r + 2 \cdot k = 69{,}4$.

Für das große Rad ist der Laufkreisdurchmesser $2 \cdot R = Z \cdot m = 480$, der Grundkreisdurchmesser $2 \cdot R_0 = 96 \cdot 4{,}7 = 451{,}2$. Die Zahnstärke im Grundkreis ergab sich zu $S_0 = 13$. Die Zahnlückenweite im Grundkreis wäre daher $B_0 = 4{,}7 \cdot \pi - 13 = 1{,}77$, die Breite der Schneide

$$B = \frac{(1{,}77 - 96 \cdot 0{,}00298)}{0{,}966} = - 1{,}1 \,.$$

Der Abstand des Schnittpunktes der Werkzeugschneiden ergibt sich nach Abb. 36 zu $\dfrac{0{,}55}{0{,}268} = 2{,}05$ vom Grundkreis, vom Teilkreis zu $240 - 225{,}6 - 2{,}05 = 12{,}35$ und von der Werkzeugspitze zu $\dfrac{1{,}9}{0{,}268} = 7{,}1$. Daher ist der Abstand der Werkzeugspitze von $3{,}8$ Breite vom Grundkreis $14{,}4 - 7{,}1 - 2{,}05 = 5{,}25$, vom Teilkreis $9{,}15$ und vom Kopfkreis ist der Abstand von der Werkzeugspitze oder die Zahnhöhe $9{,}15 + 4 = 13{,}15$ bei der Kopfhöhe $K = 4$. Die Zahnstärke im Laufkreis ist

$$S = \frac{S_0 \cdot m}{m_0} - Z \cdot m \cdot (\text{tg}\, \alpha - \alpha) = \frac{13 \cdot 5}{4{,}7} - 480 \cdot 0{,}015 = 6{,}6$$

und stimmt mit der Lückenweite im kleinen Rad überein.

V. Wälzgetriebe für Stirnradbearbeitung.

Werkzeug und Werkstück erhalten gegenseitige Bewegungen durch Wälzgetriebe.

Im allgemeinen wird das Werkstück und das Werkzeug mit den bewegten Teilen der Wälzgetriebe durch Spannvorrichtungen verbunden, die mit Stell- und Meßvorrichtungen versehen sind, durch die sie in genaue gegenseitige Lage gebracht werden. Neben der Schnitt-, Vorschub- und Teilungsbewegung hat die Wälzbewegung die Aufgabe, die relative Lage zwischen Werkstück und Werkzeug so zu verändern, wie sie sich beim Betriebe zwischen den beiden Teilen eines Zahngetriebes verändern soll, d. h. es soll ein Abrollen der Wälzbahnen stattfinden, die dem Getriebe zugrunde gelegt werden.

Die bei der Bearbeitung zugrunde gelegten Wälzbahnen können andere sein als die Wälzbahnen des hergestellten Getriebes. Man kann nicht nur andere Maße für die Bearbeitungslaufkreise annehmen als für die Betriebslaufkreise, sondern man kann für die Bearbeitung auch die Wälzbahnen anderer Getriebe wählen, die zu den gleichen gegenseitigen Lagen, zu denselben Zahnformen oder mit anderen Zahnformen zu denselben Wälzbahnen führen.

Für die Stirnradbearbeitung kann man die Wälzbewegung verschiedener Getriebe, z. B. Zahnrad und Zahnstange, ein Stirnräderpaar, Schnecke und Schraubenrad usw. dem Wälzverfahren zugrunde legen. Hierzu kann man auch verschiedene Wälzgetriebe benutzen. Man verwendet z. B. anstatt Zahnrad und Zahnstange einen Wälzbogen, der auf einer geraden Wälzbahn rollt und mit dieser zur Vermeidung des Gleitens durch Zugbänder verbunden wird, die sich beim Wälzen auf- oder abrollen, oder man kann Schnecke und Schneckenrad als Wälzgetriebe benutzen, wobei die Schnecke auch als Zahnstange mit dem Schraubenrad wirken kann, oder andere Getriebe. Die Anordnung solcher Getriebe ist noch insofern verschieden, als die Wälzbewegung in verschiedener Weise auf die Getriebeteile verteilt werden kann. Man kann z. B. den Wälzbogen auf der ruhenden Wälzbahn schwenken, die Wälzbahn hin- und herbewegen, während sich der Wälzbogen dreht, die Wälzbahn auf dem ruhenden Wälzbogen schwenken, oder Wälzbogen und Wälzbahn können mit Getriebeteilen verbunden werden, die noch andere Bewegungen erhalten.

A. Stirnradhobelmaschine als Beispiel für Wälzgetriebe und Bearbeitungsangaben.

Bei der „automatischen Stirnrad-Hobelmaschine" von J. E. Reinecker, Chemnitz (Abb. 37—39) ist das Werkstück, das nach Abb. 40 mit dem auswechselbaren Aufspanndorn mit der Teilspindel verbunden wird, durch diese mit dem Rollzylinder f (Abb. 37, Aufriß) verbunden. Es erhält die Abwälzbewegung dadurch, daß es samt Spindel und Rollzylinder im Zusammenhang mit der Vorschubbewegung langsam seitlich verschoben wird, wobei es sich wie ein Zahnrad dreht, das man

auf der Zahnstange verschiebt. Diese Drehung wird dadurch zwang-
läufig bewirkt, daß der Rollzylinder durch Stahlbänder mit einer ver-

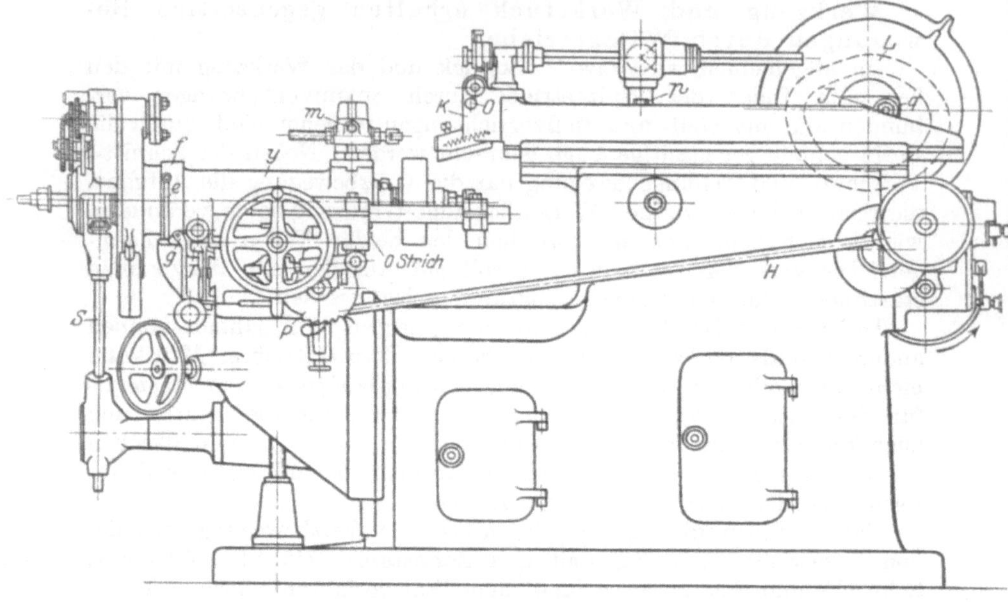

Abb. 37. Stirnradhobelmaschine Aufriß.

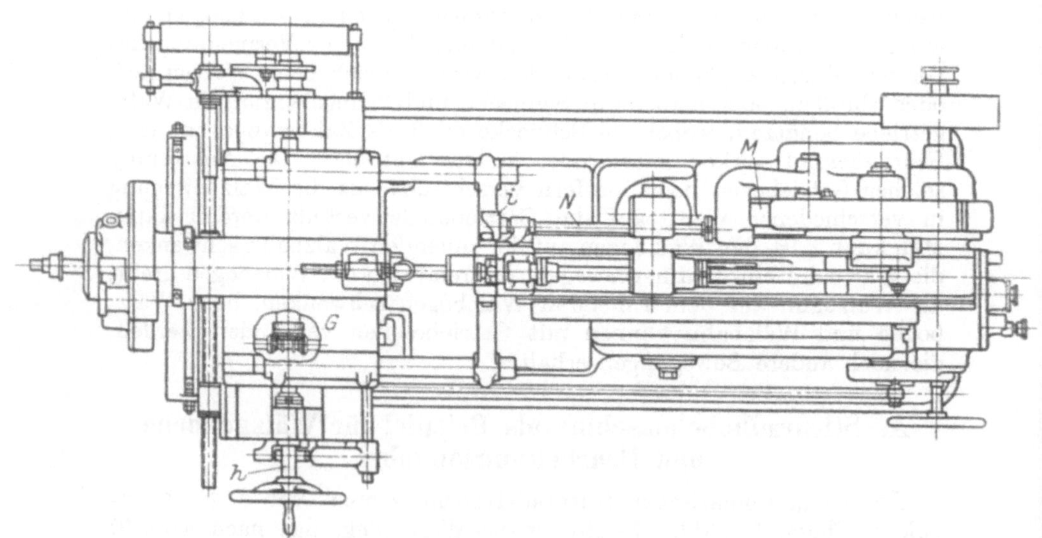

Abb. 38. Stirnradhobelmaschine Grundriß.

stellbaren Traverse verbunden ist, die sich bei der Verschiebung abrollen.
An Stelle der Zahnstange tritt der Schneidstahl, der mit einem Stößel

die geradlinig hin- und hergehende Arbeitsbewegung erhält. Er wird von einer Kurbel mit verstellbarem Radius angetrieben, wobei er nach dem Durchmesser und nach der Breite des Werkrades eingestellt werden kann. Die Kurbel wird nach Abb. 41 von einer Riemenscheibe A aus durch ein Stufenrädergetriebe mit Schieberädern mit 6 Geschwindigkeitsstufen, die während des Stillstandes der Maschine eingestellt werden können, angetrieben. Stirnradgetriebe D leitet die Stößelbewegung ein, Kegelräder E und Gelenkwelle F die automatische Weiterteilung des zu hobelnden Rades nach jedem Stößelhub und Wendegetriebe G (Abb. 38, Grundriß) sowie Schaltwelle H (Abb. 37, Aufriß) die Vorschub- und Abwälzbewegung. Während des Stößelrückganges wird der Stahlhalter K von der im großen Antriebsrad sitzenden Kurvennut L (Abb. 37, Aufriß rechts) durch Hebel M, Gestänge N und Hub-

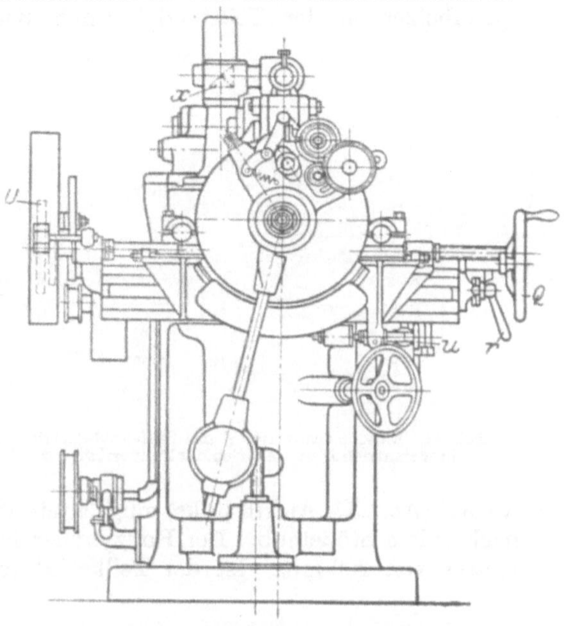

Abb. 39. Stirnradhobelmaschine Seitenriß.

scheibe i (Abb. 38, Grundriß) aus der Zahnlücke herausgehoben oder er kann durch Bolzen O (Abb. 37, Aufriß) in gehobener Stellung gehalten werden. Von der Schaltwelle H (Abb. 37, Aufriß) aus er-

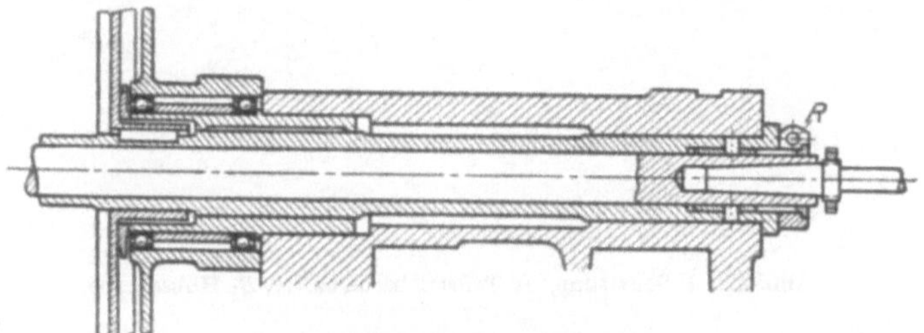

Abb. 40. Teilspindel mit Aufspanndorn.

folgt durch Sperrklinke und Sperrad P (Abb. 37, Aufriß) die Vorschubbewegung des Teilkopfschiebers mit Teilkopf. Dieselbe läßt sich durch einstellbare Anschläge selbsttätig ausrücken. In ausgerücktem Zustand kann die Vorschubbewegung auch durch Handstellung vom Handrad Q (Abb. 39, Seitenriß) aus geschehen.

Im Teilkopf ist die Teilspindel axial nachziehbar gelagert und mit dem auswechselbaren Aufspanndorn für das Werkstück verbunden. Ein Führungslager dient zur Unterstützung des Aufspanndornes vor dem Werkstück. Gegen Verschiebung und Verdrehung wird der Aufspannbolzen in der Teilspindel durch Klemmschraube R (Abb. 40) gesichert.

In die Teilspindel werden zwei Bewegungen eingeleitet, einmal in zwangläufigem Zusammenhang mit der Vorschubbewegung eine Verdrehung des Teilkopfes mit der Teilspindel durch das am Rollzylinder ablaufende Stahlband zur Erzeugung der Evolvente und als zweite die durch die Gelenkwelle S (Abb. 37, Aufriß links) eingeleitete Weiterteilung der Teilspindel nach jedem Stößelhub. Der Rollzylinder hat einen konstanten Durchmesser von 200 mm. Ist der Teilkreisdurchmesser des zu hobelnden

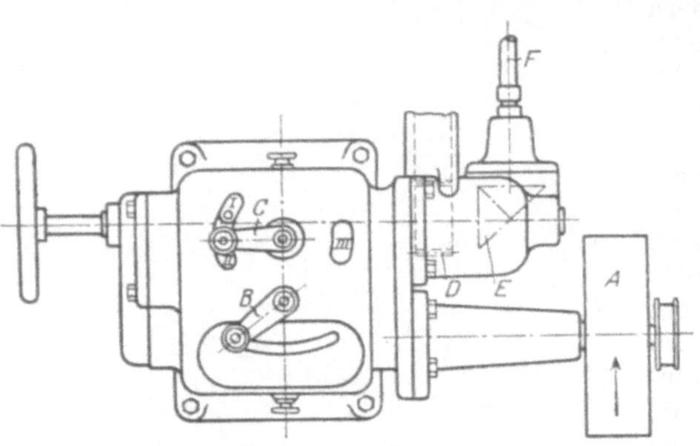

Abb. 41. Einscheibenantrieb A mit Stufenrädergetriebe $B C$, Stößelantrieb D und Antrieb der Teilvorrichtung $E F$.

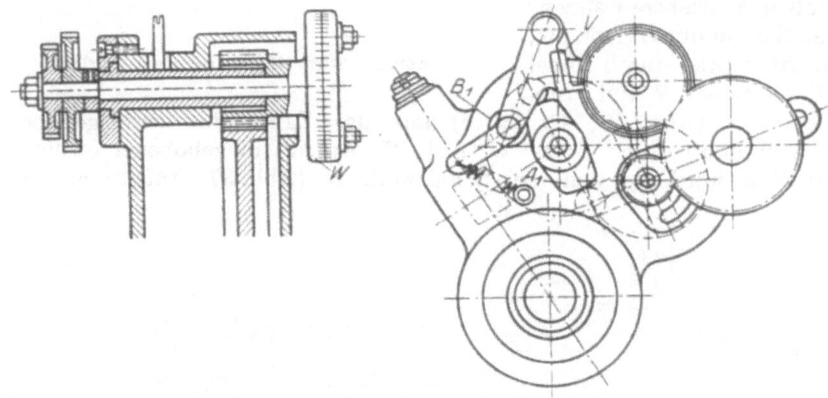

Abb. 42. V Schaltung, W Teilstrichscheibe, $A_1 B_1$ Hubscheibe.

Rades größer oder kleiner als 200 mm, so wird der Rollbandschieber T (Abb. 37, Aufriß) im Verhältnis 200 zum Teilkreisdurchmesser langsamer oder schneller als der Teilkopfschlitten verschoben.

Die Geschwindigkeitsänderung erfolgt durch Wechselräder U (Abb. 39, Seitenriß). Um entstandenes Spiel in den Spindelmuttern zur Teilkopfschlitten- und Rollbandschieberspindel beseitigen zu können, sind dieselben mit Nachstellung versehen.

Für die Weiterteilung nach jedem Stößelhub treibt die Gelenkwelle S (Abb. 37, Aufriß links) durch Schnecke und Schneckenrad auf eine periodisch laufende Maltheserkreuz-Kreuznutenscheibe und durch Wechselräderübersetzung sowie Stirnradgetriebe auf die Teilspindel (Abb. 40).

Zur Arretierung nach jeder Teilung dient Sperrklinke V. Ferner ist zur Beseitigung von Spiel in den Zähnen das Stirnradgetriebe durch Verdrehung einer exzentrischen Büchse nachstellbar. Das Stirnradgetriebe ist lösbar gekuppelt mit den Wechselrädern, damit von letzteren unabhängig das Teilrad zum Übergang vom rechten zum linken Seitenschnitt nach Skala, wozu Teilstrichscheibe W dient, verdreht werden kann.

Beim Inbetrieb- oder Stillsetzen der Maschine ist darauf zu achten,

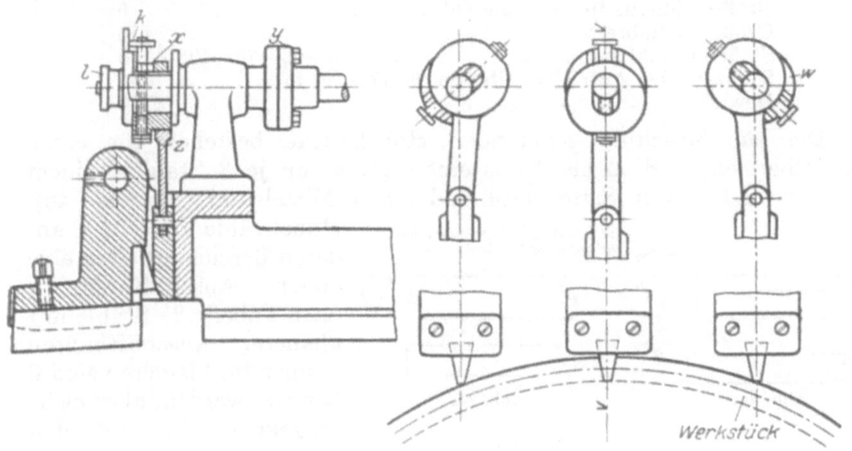

Abb. 43.   Stößelkopf mit Stellvorrichtung.

daß der Stößelkurbelscheibenschlitz J die in Abb. 37 angegebene Stellung einnimmt, wobei die Teilkopfhubscheibe A_1 die Hubscheibenrolle B_1 (Abb. 42) eben noch berührt, d. h. der Teilmechanismus seine Arbeit gerade beendet hat.

Am Stößelkopf ist eine Vorrichtung angebracht, die es ermöglicht, den Zahnkopf mehr als normal abzurunden. Die Wirkungsweise ist folgende:

Ein einstellbarer Exzenter X wird nach Abb. 43 durch Verschiebung des Teilkopfschiebers Y in Drehung versetzt. Die Schiene Z befindet sich in tiefster Stellung, wenn der Teilkopf in Maschinenmitte steht. Diese wird hochgezogen, wenn der Teilkopfschieber nach links oder rechts aus der Maschinenmitte verschoben wird. Dadurch wird der Stößelkopf gesenkt und der Hobelstahl schneidet am Zahnkopf mehr weg, rundet ihn also stärker ab als normal.

Zusammenfassend sind die Grundlagen für die Bearbeitung der Evolventenzahnflanken durch die Stirnradhobelmaschine folgende:

1. Geradlinige Schnittbewegung der Schneidkante als Flanke einer Zahnstange, hierzu Stößelantrieb.

2. Seitliche Verschiebung der Radachse in der Richtung der Stahlbänder, durch Drehung der Transportspindel h (Abb. 38, Grundriß unten).

3. Die damit zusammenhängende Drehung des Werkrades als Wälzbewegung durch Rollzylinder f mit den Stahlbändern e.

4. Teilbewegung nach jedem Stößelhub durch den mit Gelenkwelle, Wechselräder, Maltheserkreuz, Schnecke und Schneckenrad nebst Wendegetriebe angetriebenen Teilkopf.

Die Hauptangaben für die Maschine ASH 1 sind:

      Kleinster Werkrad-Außendurchmesser   25
      Größter Werkrad-Außendurchmesser   400
      Größter Modul für Einzelstahl   10
      Größter Modul für Kammstahl   6
      Größte Zahnbreite   100
      Stößelhubzahl minutlich . . . . 36—48—62—78—100—130
      Drehzahl der Antriebscheibe für Radkasten min. . . .   450
      Gewicht 2700

Die zur Maschine gehörenden Hobelstücke bestehen für einen Modulbereich, z. B. 2 bis 3 aus einem Satz von je 3 Stählen, einem rechten und linken Seitenstahl und einem Mittelstahl (Abb. **44—46**).

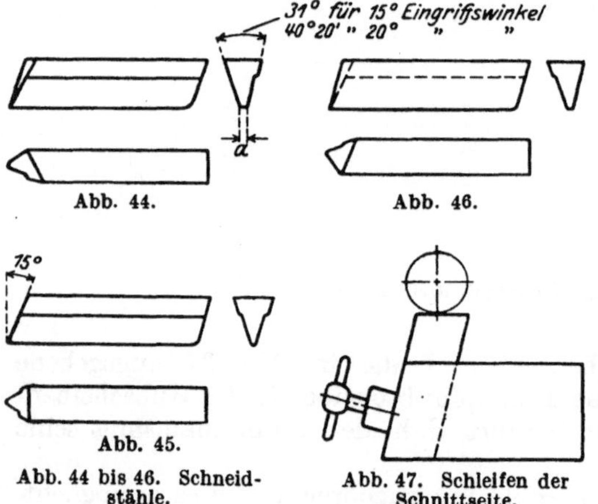

Abb. 44.   Abb. 46.

Abb. 45.

Abb. 44 bis 46. Schneidstähle.

Abb. 47. Schleifen der Schnittseite.

Hobelstähle für einen anderen Bereich erhalten eine andere Anschliffbreite a nach Tabelle 2. Stähle mit kleineren Anschliffbreiten können für kleineren Modul benutzt werden, aber nicht umgekehrt. Das Schleifen der Schnittseite erfolgt in dem Schleifhalter (Abb. 47) auf einer Flächenschleifmaschine. Die Schneidstähle sind prismatisch und werden unter dem Anstell- oder Freiwinkel gegen die Schnittrichtung geneigt. Daher erhalten die Seitenflächen derselben einen Winkel von 31° für 15° Eingriffswinkel und 40° 20′ für 20° Eingriffswinkel. Außerdem erhalten die Spanflächen der Seitenstähle einen Seitenschleifwinkel.

Tabelle 2. Anschliffbreite a.

Modul	a
1 ÷ 2	0,9
2 ÷ 3	1,4
3 ÷ 4	1,9
4 ÷ 10	2,36

Das Einstellen des Werkstückes und der Maschine geschieht durch:

1. Anbringen der Teilwechselräder und des Sperrades im Teilkopf und der Vorschubwechselräder am Teilkopfschlitten-Unterteil nach besonderen Tabellen.

2. Einstellen des Abrunders durch graduierte Stellschraube k (Abb. 43), die durch Griffschraube l gesichert ist. Die Abrundung wird für den ruhigen Gang schnelllaufender Räder angewendet.

3. Befestigen des Werkstückes auf dem Aufspannbolzen mit Hilfe von Bolzen mit Spannmutter.

4. Prüfen des Werkstückes auf Rundlaufen. An einem Gegenhalterlager wird der Zeigerapparat (Abb. 48) festgeklemmt und über die Mantelfläche des Werkstückes

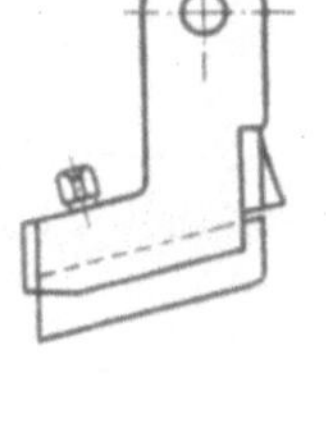

Abb. 48. Zeiger zum Prüfen des Werkstücklaufs.

geführt, während letzteres von Hand mit der Teilstrichscheibe gedreht wird. Die Teilwechselräder müssen dabei außer Eingriff sein (Abb. 42).

5. Mit dem Mittelstahl wird die Zahnlücke vorgehobelt, mit dem rechten und linken Seitenstahl fertiggehobelt. Der Stahl ist im Stahlhalter durch Anschläge und Beilagen gesichert (Abb. 49). Das Werkstück wird vor dem Hobeln links oder rechts so angestellt, daß die Stahlspitze den Zylindermantel streift (Abb. 43). Der Vorschub ist so zu wählen, daß die Maschine voll ausgenutzt, aber nicht überanstrengt wird.

6. Einstellen der Zahntiefe geschieht durch Hochkurbeln des Konsols, das Teilspindel und Werkstück trägt (Abb. 37), nach Skalascheibe, z. B. für 8,5 Zahntiefe 3 Umdrehungen und 20 Striche.

7. Vor dem Schneiden der Zahnflanke ist diese mit der Teilscheibe w am Teilkopf in die Mittellage der schneidenden Kante des Hobelstahles zu bringen, nach besonderen Tabellen. Das Drehen der Teilscheibe geschieht für linke und rechte Zahnflanke in entgegengesetzter Richtung, so daß der Hobelschnitt am Zahnkopf beginnt. Der Vorschub ist so zu wählen, daß die Zahnflanke glatt, d. h. die Zahnkurve nicht als gebrochene Linie erscheint. Für Nachschlichten kann eine geringe Schnittanstellung mit Griffrädchen u am Rollband-

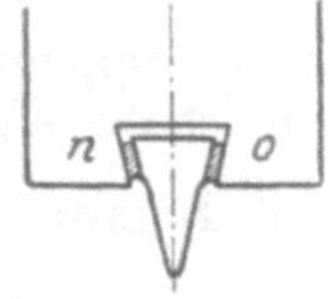

Abb. 49. Stahlhalter mit Werkzeug und Beilagen.

schieber bewirkt werden (Abb. 39, Seitenriß rechts).

8. Die Sperrklinke am Teilkopf soll den Grund der Lücke im Sperrrad nicht berühren. Ist sie soweit abgenutzt, so muß sie nachgearbeitet werden.

9. Die Kontrolle der Mittelstellung des Teilkopfes geschieht nach Abb. 50 durch Anlegen eines Lineals an Stahlflanke und Aufspannbolzen, das auf beiden Seiten eines Mittelstahles gleich aufliegen soll.

Die Mittelstellung ist durch einen Nullstrich am Prisma des Teilkopf-schiebers markiert (Abb. 37, Aufriß).

10. Zur Mittelstellung der Abrundvorrichtung wird die Achse $v - v$ (Abb. 43, rechts) durch Drehen des konischen Rades x senkrecht und der Ring w um den größten Betrag exzentrisch gestellt. Wird der Teilkopf aus seiner Mittellage gleichweit nach rechts und links ver-

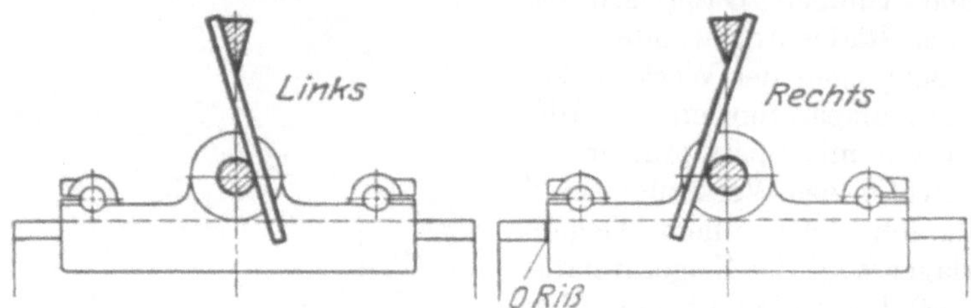

Abb. 50. Prüfung der Mittelstellung.

schoben, so muß der Zwischenraum nach Abb. 51, mit dem Meßblock gemessen, zwischen Hobelstahlspitze und Teilkopffläche gleich sein. Ungleichheiten sind durch Verdrehen des konischen Rades x oder

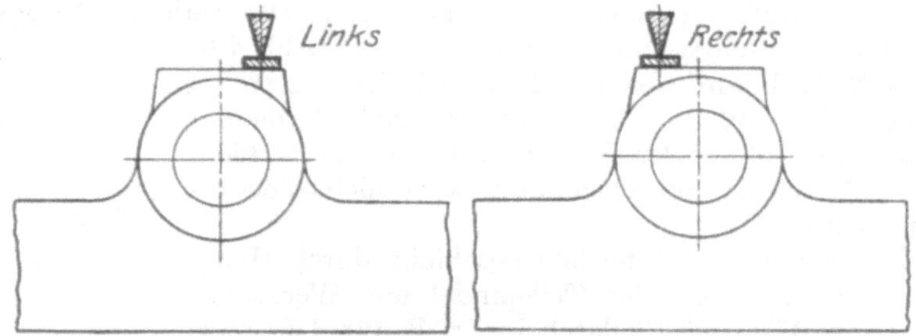

Abb. 51. Prüfung der Seitenverstellung.

durch Kupplung y zu beseitigen. Bei dem ersten gehobelten Räder-paar ist die Abrundung nachzuprüfen.

5. Beispiel.

1. Bearbeitungsangaben für ein Stirnräderpaar.

Bei normalen Maßen gibt man nach Abb. 52 für ein Stirnräder-paar z. B. folgende Werte an:

$$\text{Modul 3, Radbreite } b = 10 \cdot m = 30,$$

	für kleines Rad	für großes Rad
Zähnezahl	$z = 36$	$Z = 40$
Teilkreisdurchmesser	$2 \cdot r = z \cdot m = 108$	$2 \cdot R = Z \cdot m = 120$
Außendurchmesser	$2 \cdot r_k = 2 \cdot r + 2 \cdot m = 114$	$2 \cdot R_k = 2 \cdot R + 2 \cdot m = 126$
Vorschubwechselräder	$\dfrac{48 \cdot 80}{36 \cdot 96}$,	$\dfrac{48 \cdot 80}{40 \cdot 96}$

$$\text{Zahntiefe} \qquad h = 2{,}1236 \cdot m = 6{,}37$$
$$\text{Teilung} \qquad t = m \cdot \pi = 9{,}425$$
$$\text{Achsenabstand} \qquad R = r = 114$$

Beim Drehen der Räder müssen die Außendurchmesser genau eingehalten werden. Die Angaben für Zahnstange oder Hobelstahl-

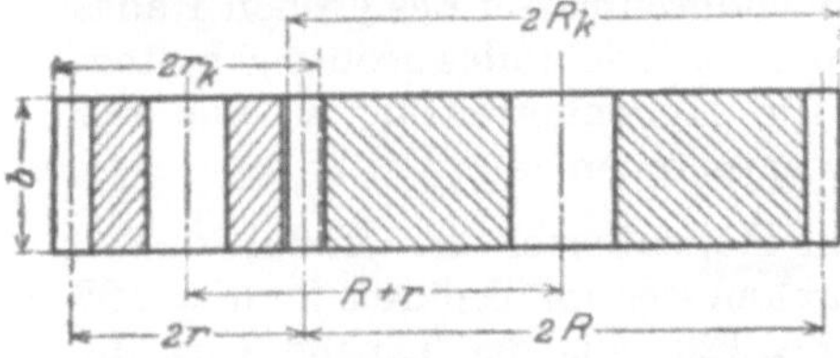

Abb. 52. Bearbeitungsangaben für ein Stirnräderpaar.

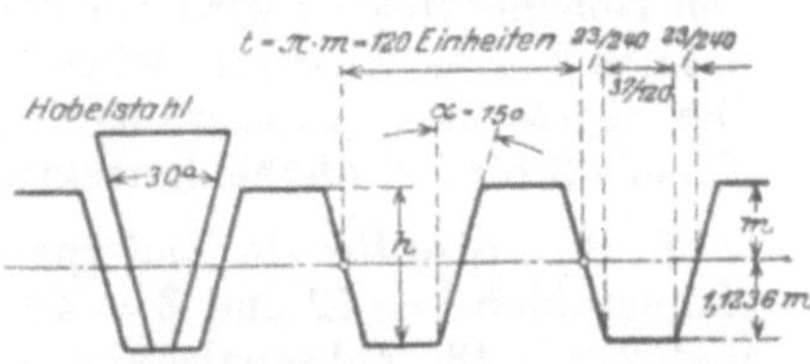

Abb. 53. Angaben für Zahnstange und Hobelstahlprofil.

profil sind in Abb. 53 enthalten. Das kleine Rad wird auch Getriebe oder Triebrad genannt.

2. Räder mit Korrektur.

Korrektur wendet man an, um bei größeren Übersetzungen als 2:3 und einer Zähnezahl des Triebrades von 25 abwärts das Unterschneiden der Getriebezähne zu vermeiden oder um die Zähne des Triebrades zu verstärken.

Der Unterschnitt der Getriebezähne wird vermieden durch Anwendung von Höhenkorrektur. Durch Seitenkorrektur werden die der Abnutzung mehr unterworfenen Zähne des Triebrades stärker, die des Gegenrades schwächer als normal hergestellt. Man kann auch Höhen- und Seitenkorrektur gleichzeitig anwenden.

Höhenkorrektur ist aber nicht anwendbar für Räder mit einem Übersetzungsverhältnis 1:1 oder nahe 1:1, für solche wird ein größerer Eingriffswinkel angewendet. Außerdem kann ein größerer Eingriffswinkel in Verbindung mit Höhen- und Seitenkorrektur Anwendung finden.

Tabelle 3. Zahnhöhenkorrektur.

Zähnezahl	Korrektur pro ∅ Mod.	Zähnezahl	Korrektur pro ∅ Mod.	Zähnezahl	Korrektur pro ∅ Mod.
8:15	0,2	11:18	0,2	16:23	0,2
8:23	0,4	11:25	0,4	16:30 u. gr.	0,4
8:30	0,6	11:36 u. gr.	0,7	17:24	0,2
8:37	0,8	12:19	0,2	17:31 u. gr.	0,4
8:45 u. gr.	1,0	12:26	0,4	18:25	0,2
9:16	0,2	12:35 u. gr.	0,6	18:31 u. gr.	0,3
9:24	0,4	13:20	0,2	19:26	0,2
9:31	0,6	13:27	0,4	19:30 u. gr.	0,3
9:38 u. gr.	0,9	13:34 u. gr.	0,6	20:30 u. gr.	0,2
10:17	0,2	14:21	0,2	21:32 u. gr.	0,2
10:25	0,4	14:28	0,4	22:33 u. gr.	0,1
10:32	0,6	14:34 u. gr.	0,5	22:34 u. gr.	0,1
10:37 u. gr.	0,8	15:22	0,2		
		15:29	0,4		
		15:33 u. gr.	0,5		

u. gr. = und größer.

Die Teilkreise und Zahnhöhen der Räder mit Höhen- oder Seitenkorrektur bleiben unverändert wie bei normalen Rädern. Bei Anwendung von Höhenkorrektur wird nur der Außendurchmesser des großen Rades um den Korrektionswert kleiner und der des Triebrades größer gehalten. Die Größe des Korrektionswertes für Höhenkorrektur ist aus der Tabelle 3 für Zahnhöhenkorrektur zu entnehmen.

6. Beispiel für ein Räderpaar mit Höhenkorrektur. Modul $m = 4$, Zähnezahlen $z = 12$ und $Z = 48$, Durchmesser im Teilkreis $2 \cdot R = 192$ und $2 \cdot r = 48$, Achsenabstand $R + r = 120$, aus der Tabelle 3 ist die Höhenkorrektur $0,6 \cdot m = 2,4$, dieser Wert ist vom normalen Außendurchmesser des großen Rades abzuziehen und zu dem des Triebrades hinzuzuzählen:

$$2 \cdot R_k = 200 - 2,4 = 197,6 \quad \text{Außendurchmesser des großen Rades,}$$
$$w \cdot r_k = 56 + 2,4 = 58,4 \qquad\qquad \text{,,} \qquad\qquad \text{,, Triedrades,}$$

Zahntiefe 8,49, Vorschubwechselräder $\dfrac{40 \cdot 60}{48 \cdot 80}$ für das große Rad und $\dfrac{72 \cdot 120}{36 \cdot 96}$ für das Triebrad. (Vgl. Formel zur Berechnung der Wechselräder, S. 46 unten.)

Hobeln von Stirnrädern
mit beliebigem Eingriffswinkel α bei Verwendung eines normalen Hobelstahles mit 15° Flankenwinkel.

Durch Verwendung eines größeren Eingriffswinkels als 15° wird derselbe Zweck erreicht, der durch Anwendung der Höhenkorrektur erstrebt wird, und zwar Vermeidung des Unterschnittes bei kleinen Zähnezahlen, größere Zahnstärke am Fuße, größere Anlagefläche des Zahnes, daher größere Festigkeit und geringere Abnutzung der Zähne. Da für Räder mit der Übersetzung 1:1 oder nahe 1:1 eine Höhenkorrektur nicht angewendet werden kann, so muß für diese ein größerer Eingriffswinkel angewendet werden, wenn der Unterschnitt vermieden werden soll. Außerdem kann ein größerer Eingriffswinkel in Verbindung mit Seitenkorrektur angewendet werden.

Tabelle 4.
Seitenverstellung für Vergrößerung des Eingriffswinkels α.

α	15°	17° 30′	20°	22° 30′	25°
$\dfrac{\cos \alpha}{\cos 15°}$	1	0,987	0,973	0,957	0,938
Verkleinerung der Seitenverstellung	0	0,25	0,55	1,15	2,10

Um Flanken mit größerem Eingriffswinkel zu erhalten, ist der Teilkreisdurchmesser zu verkleinern und nach diesem sind die Vorschubwechselräder zu bestimmen, sowie die normale Strichzahl für Seitenverstellung zum Einstellen der Zahnstärken nach Tabelle 4 um einen Betrag zu verkleinern.

Die Außendurchmesser der Stirnräder ändern sich nicht, sondern bleiben für alle Eingriffswinkel die Normalen.

Der verkleinerte Teil- oder Laufkreisdurchmesser ergibt sich zu

$$2 \cdot r_1 = 2 \cdot r \cdot \frac{\cos \alpha}{\cos 15^0}.$$

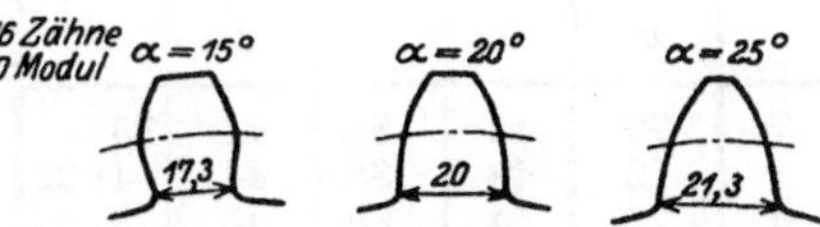

Abb. 54. Einfluß des Eingriffswinkels auf die Zahnform.

Den Einfluß eines größeren Eingriffswinkels auf die Zahnform zeigt Abb. 54 für ein Zahnrad mit $z = 16$ Zähnen und $m = 10$ Modul.

Um dieses Verfahren anwenden zu können, muß $2 \cdot r_1$, das ist der neue Laufkreisdurchmesser, größer sein als der Zahnfußkreis. Aus diesem Grunde können die untenstehenden Eingriffswinkel nur bis zu folgenden Zähnezahlen angewendet werden:

Eingriffswinkel	Zähnezahlen
17⁰ 30′	bis 178
20⁰	„ 83
22⁰ 30′	„ 51
25⁰	„ 36

Um unterschnittfreie Zähne zu erhalten, sind folgende Eingriffswinkel anzuwenden für die Zähnezahlen von:

Zähnezahlen	Eingriffswinkel
10 bis 13	25⁰
14 „ 17	22⁰ 30′
18 „ 22	20⁰
23 „ 25	17⁰ 30′

7. Beispiel: Zähnezahlen 15 : 15, Modul $m = 5$, Eingriffswinkel $\alpha = 22^0\,30'$.

Man erhält

$$\begin{aligned}
\text{Teilkreisdurchmesser} \quad & 2 \cdot r = 75, \\
\text{Außendurchmesser} \quad & 2 \cdot r_k = 85, \\
\text{Zahntiefe} \quad & h = 10{,}62.
\end{aligned}$$

Es ist $\dfrac{\cos 22^0\,30'}{\cos 15^0} = 0{,}957$, somit ist

$$2 \cdot r_1 = 2 \cdot r \cdot 0{,}957 = 71{,}775.$$

Vorschubwechselräder $\dfrac{120}{2 \cdot r_1} = \dfrac{120}{71{,}775} = \dfrac{80 \cdot 40}{58 \cdot 33}$ (vgl. Tabelle 6). Normale Seitenverstellung für gleiche Zahnstärken

$$\begin{aligned}
& 12{,}21 \text{ Teilstriche (vgl. Tabelle 7, S. 52)} \\
& \underline{-\ \ 1{,}15} \\
& 11{,}06 \text{ Teilstriche} = \text{Gesamtverstellung (vgl. Tabelle 4)}
\end{aligned}$$

an der Teilscheibe.

Die Vorschubwechselräder sind nach Abb. 55 angeordnet (vgl. Abb. 39, U und 42):

$$\begin{aligned}
a &= \text{Rad an der Schraubenspindel,} \\
b \text{ und } c &\ \text{Räder am Stelleisen,} \\
d &= \text{Rad an der Hülse.}
\end{aligned}$$

Tabelle 5. Teilwechselräder.

Zähne-zahl	An-trieb-rad a	Zwischen-rad b	Zwischen-rad c	Wech-sel-rad d	Sperr-rad	Zähne-zahl	An-trieb-rad a	Zwischen-rad b	Zwischen-rad c	Wech-sel-rad d	Sperr-rad
7	72	42	88	44	35	54	24	88	88	54	27; 54
8	72	48	88	44	4; 32	55	24	88	88	55	55
9	72	54	88	44	3; 54	56	24	88	88	56	28; 56
10	72	60	100	50	5; 35	57	24	88	88	57	19; 38
11	72	66	100	50	11; 44	58	24	88	88	58	29; 58
12	72	72	100	50	2; 32	59	24	88	88	59	59
13	72	78	100	50	13; 52	60	24	88	88	60	10; 50
14	72	84	100	50	7; 35	*61	24	88	88	61	61
15	72	90	100	50	5; 35	62	24	88	88	62	31
16	72	88	88	48	8; 32	*63	24	88	88	63	21
17	72	88	88	51	17; 34	64	24	88	88	64	32
18	72	88	88	54	3; 54	*65	24	88	88	65	65
19	72	88	88	57	19; 38	66	24	88	88	66	11; 44
20	72	88	88	60	10; 50	*67	24	88	88	67	67
21	72	88	88	63	7; 35	68	24	88	88	68	34
22	72	88	88	66	11; 44	69	24	88	88	69	23; 46
23	72	88	88	69	23; 46	70	24	88	88	70	35
24	72	88	88	72	4; 32	*71	24	88	88	71	71
25	48	88	88	50	25; 50	72	24	88	88	72	12; 60
26	48	88	88	52	13; 52	*73	24	88	88	73	73
27	48	88	88	54	9; 54	74	24	88	88	74	37
28	48	88	88	56	14; 56	75	24	88	88	75	25; 50
29	48	88	88	58	29; 58	76	24	88	88	76	38
30	48	88	88	60	5; 35	*77	24	88	88	77	77
31	48	88	88	62	31	78	24	88	88	78	13; 52
32	48	88	88	64	16; 32	*79	24	88	88	79	79
33	48	88	88	66	11; 44	80	24	88	88	80	40
34	48	88	88	68	17; 34	81	24	88	88	81	27; 54
35	48	88	88	70	35	82	24	88	88	82	41
36	48	88	88	72	6; 54	*83	24	88	88	83	83
37	48	88	88	74	37	84	24	88	88	84	14; 56
38	48	88	88	76	19; 88	*85	24	88	88	85	85
39	48	88	88	78	13; 52	86	24	88	88	86	43
40	48	88	88	80	20; 60	87	48	87	43	86	29; 58
41	48	88	88	82	41	88	48	88	43	86	44
42	48	88	88	84	7; 35	*89	48	89	43	86	89
43	48	88	88	86	43	90	48	90	43	86	15; 60
44	24	88	88	44	22; 44	*91	48	91	43	86	91
45	24	88	88	45	15; 60	92	48	92	43	86	46
46	24	88	88	46	23; 46	93	48	93	43	86	31
47	24	88	88	47	47	94	48	94	43	86	47
48	24	88	88	48	8; 32	*95	48	95	43	86	95
49	24	88	88	49	49	96	48	96	43	86	32
50	24	88	88	50	25; 50	*97	48	97	43	86	97
51	24	88	88	51	17; 34	98	48	98	43	86	49
52	24	88	88	52	26; 52	*99	48	99	43	86	33
53	24	88	88	53	53	100	48	100	43	86	50

Sie werden für den Rollbogen mit 200 Durchmesser aus der Formel

$$\frac{a \cdot c}{b \cdot d} = \frac{120}{\text{Teilkreisdurchmesser}}$$

berechnet (vgl. Tabelle 6). Hierzu sind 50 Vorschubwechselräder vorhanden mit den Zähnezahlen 28 bis 59, außerdem 56, 62, 63, 70, 72, 75, 78, 80, 84, 88, 90, 95, 96, 98, 100 und 120. Für $a = b$ verwendet man beide 56ger Räder.

Die Teilwechselräder sind nach Abb. 56 angeordnet und werden für bestimmte Zähnezahlen z nach der Formel

$$\frac{a \cdot c}{b \cdot d} = \frac{24}{z}$$

berechnet (vgl. Tabelle 5). Hierzu sind 63 Teilwechselräder vorhanden mit den Zähnezahlen 24 und 42 bis 100, außerdem sind doppelt 48, 72 und 88. Ferner gehören 22 Sperräder hierzu mit den Zähnezahlen 31, 32, 34, 35, 37, 38, 40, 41, 43, 44, 46, 47, 49, 50, 52, 53, 54, 55, 56, 58, 59 und 60. Endlich sind noch 5 Hubscheiben für den Stahlhalter mit 6, 9, 13, 19 und 25 mm Hubhöhe vorhanden.

Die zum Teilen benutzten Wechselräder und Sperräder sind für einige Zähnezahlen der Werkräder in der Tabelle 5 angegeben.

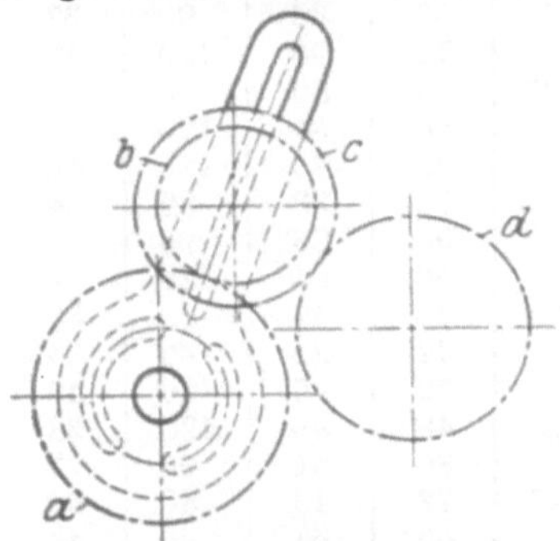

Abb. 55. Anordnung der Vorschubwechselräder.

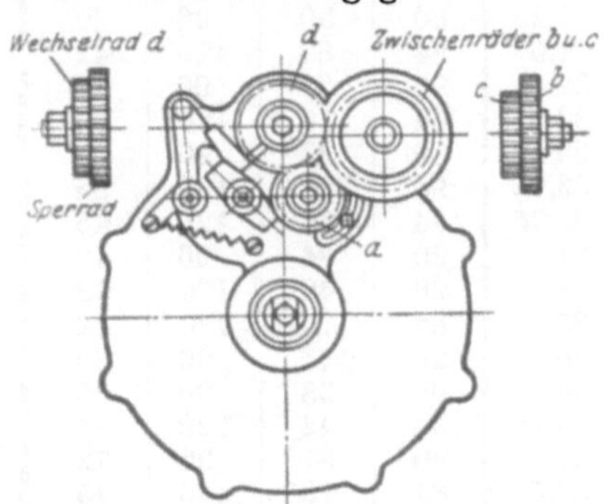

Abb. 56. Anordnung der Teilwechselräder.

Tabelle 6 enthält die Zähnezahlen der Wechselräder für verschiedene Teilkreisdurchmesser.

Bei Räderübersetzungen 1 : 1 macht man die Zähne beider Räder gleich stark und stellt die Teilscheibe nach Tabelle 7, die für einige Zähnezahlen der Werkräder die Einstellung der Teilscheibe angibt. Die Zahlen in der Reihe 0 geben die Verstellung der Teilscheibe in Strichen für die ganze Zahnlückenweite an.

8. Beispiel für die Zähnezahlen 24:24 ist die Gesamtverstellung 7,63 Striche nach Tabelle 7 Reihe 0, also ist für den Mittelschnitt $\frac{7,63}{2} = 3,81$ Striche die Verstellung der Teilscheibe nach links, für den rechten Seitenschnitt die Stellung $^0/_0$ und für den linken Seitenschnitt 7,63 Teilstriche nach links anzunehmen.

Bei Übersetzungen über 1 : 1 korrigiert man die Zahnstärken nach Tabelle 8 unter Berücksichtigung des Modul. In der Tabelle 8 sind die Einheiten angegeben, um welche die Lückenweite des Triebrades verkleinert und die des Gegenrades vergrößert wird. Die zugehörige Verstellung der Teilscheibe ist aus Tabelle 7 in den Reihen $-1, -2, -3$ usw. für das Triebrad und $+1, +2, +3$ usw. für das Gegenrad zu entnehmen.

Tabelle 6. Vorschubwechselräder.

Teilkreis ⌀	a	b	c	d	Teilkreis ⌀	a	b	c	d
25	84	70	120	30	48,75	72	39	80	60
25,5	96	72	120	34	49	72	84	120	42
26	84	56	120	39	49,5	56	84	120	33
26,25	84	49	120	45	50	54	72	96	30
27	84	63	120	36	50,75	96	58	120	84
27,5	84	70	120	33	51	56	84	120	34
28	84	56	120	42	51,25	72	41	80	60
28,5	96	38	120	72	51,75	80	46	96	72
28,75	120	46	96	60	52	72	96	120	39
29	80	58	120	40	52,6	72	84	120	45
29,25	84	63	120	39	53,75	72	43	80	60
29,75	96	84	120	34	54	56	84	120	36
30	84	56	120	45	54,25	72	31	80	84
31	90	72	96	31	55	54	72	96	33
31,25	60	50	96	30	55,5	56	63	90	37
31,5	84	63	120	42	56	72	96	120	42
32	90	32	96	72	56,25	80	50	96	72
32,5	84	70	120	39	57	56	84	120	38
33	80	33	90	60	57,5	72	90	120	46
33,25	96	38	120	84	57,75	72	33	80	84
33,75	84	63	120	45	58	90	58	96	72
34	90	34	96	72	58,5	56	84	120	39
34,5	96	46	120	72	58,75	72	47	80	60
35	84	70	120	42	59,5	72	34	80	84
36	80	36	90	60	60	72	96	120	45
36,25	60	58	96	30	60,5	48	88	120	33
36,75	96	42	120	84	60,75	80	54	96	72
37	90	37	96	72	61,25	72	49	80	60
37,5	84	70	120	45	61,5	56	63	90	41
38	90	38	96	72	62	56	84	90	31
38,25	80	34	96	72	62,5	72	90	120	50
38,5	72	84	120	33	63	56	84	120	42
38,75	72	31	80	60	64	56	84	90	32
39	80	39	90	60	64,5	56	63	90	43
40	72	96	120	30	64,75	72	37	80	84
40,25	96	46	120	84	65	54	72	96	39
40,5	96	54	120	72	65,25	80	58	96	72
41	90	41	96	72	66	48	88	120	36
41,25	72	33	80	60	66,5	72	38	80	84
42	80	42	90	60	67,5	56	84	120	45
42,5	72	90	120	34	68	56	84	90	34
42,75	80	38	96	72	68,25	72	39	80	84
43	90	43	96	72	68,75	72	55	80	60
43,5	96	58	120	72	69	56	84	120	46
43,75	96	50	120	84	69,75	56	84	80	31
44	72	96	120	33	70	54	72	96	42
45	80	45	90	60	70,5	56	47	90	63
45,5	72	84	120	39	71,5	48	88	120	39
46	90	46	96	72	71,75	72	41	80	84
46,25	72	37	80	60	72	56	84	90	36
46,5	56	63	90	31	72,5	72	90	120	58
47	90	47	96	72	73,5	72	42	80	84
47,25	96	54	120	84	74	56	84	90	37
47,5	72	90	120	38	74,25	56	84	80	33
48	72	96	120	36	75	54	72	96	45

Tabelle 6 (Fortsetzung).

Teilkreis ∅	a	b	c	d	Teilkreis ∅	a	b	c	d
75,25	72	43	80	84	108,5	80	62	60	70
76	56	84	90	38	110	50	33	54	75
76,5	56	84	80	34	110,25	56	49	80	84
77	48	88	120	42	110,5	40	52	72	51
77,5	45	90	96	31	111	48	96	80	37
78	56	84	90	39	112	36	60	75	42
78,75	72	45	80	84	112,5	40	60	80	50
80	36	60	75	30	113,75	120	52	32	70
80,5	72	46	80	84	114	50	60	72	57
81	56	84	120	54	115	45	90	96	46
81,25	60	78	96	50	115,5	80	84	60	55
82	56	84	90	41	116	56	58	90	84
82,25	72	47	80	84	117	40	60	80	52
82,5	48	88	120	45	117,5	45	90	96	47
83,25	56	37	80	84	118,75	120	50	40	95
84	56	84	90	42	119	40	56	72	51
84,5	40	52	72	39	120	40	50	75	60
85	56	56	72	51	121	80	55	60	88
85,5	56	84	80	38	121,5	56	54	80	84
85,75	72	49	80	84	122,5	45	90	96	49
86	56	84	90	43	123	80	41	48	96
87	56	84	120	58	123,5	40	52	72	57
87,5	72	50	80	84	123,75	56	55	80	84
87,75	56	39	80	84	124	80	62	54	72
88	36	60	75	33	125	45	90	96	50
90	56	84	90	45	126	40	56	80	60
91	40	52	72	42	126,5	40	88	96	46
92	56	46	90	84	127,5	60	90	72	51
92,25	56	41	80	84	128	50	40	60	80
92,5	45	90	96	37	129	48	96	80	43
93	56	56	80	62	129,5	80	37	30	70
93,5	40	44	72	51	130	50	39	54	75
93,75	72	90	120	75	130,5	56	58	80	84
94	56	47	90	84	131,25	60	35	40	75
94,5	72	54	80	84	132	40	48	60	55
95	56	56	72	57	133	40	56	72	57
96	60	56	56	48	134,75	120	49	32	88
96,25	72	55	80	84	135	56	90	80	56
96,75	56	43	80	84	136	40	34	60	80
97,5	40	45	72	52	136,5	40	78	72	42
98	48	84	90	42	137,5	56	70	60	55
99	50	55	80	60	138	48	46	80	96
100	50	30	54	75	139,5	60	31	40	90
101,25	56	45	80	84	140	50	42	54	75
101,5	72	58	80	84	141	48	47	80	96
102	40	48	72	51	141,75	48	54	60	63
102,5	45	90	96	41	142,5	40	60	72	57
103,5	56	46	80	84	143	80	52	48	88
104	48	52	75	60	143,5	80	41	30	70
104,5	50	55	72	57	144	56	56	80	96
105	48	84	90	45	144,5	40	34	60	85
105,75	56	47	80	84	145	45	90	96	58
106,25	120	50	40	85	146,25	40	39	56	70
107,5	45	90	96	43	147	50	70	56	49
108	56	72	80	56	148	50	37	54	90

Tabelle 6 (Fortsetzung).

Teilkreis ∅	a	b	c	d	Teilkreis ∅	a	b	c	d
148,5	40	54	60	55	193,5	60	43	40	90
148,75	60	51	48	70	195	40	52	72	90
149,5	40	46	72	78	195,5	40	46	60	85
150	50	45	54	75	196	40	56	60	70
150,5	80	43	30	70	198	80	44	30	90
152	40	38	60	80	199,5	36	57	60	63
153	50	51	56	70	200	40	50	60	80
154	40	56	60	55	201,5	72	62	40	78
155	96	62	40	80	202,5	40	54	72	90
156	48	52	80	96	203	40	58	60	70
157,5	80	84	72	90	203,5	48	37	40	88
159,5	40	58	60	55	204	40	51	72	96
160	56	56	60	80	205	40	41	48	80
161	40	46	60	70	207	80	46	30	90
161,5	40	95	90	51	208	40	52	60	80
162	48	54	80	96	209	36	88	80	57
162,5	40	50	72	78	210	40	56	72	90
164	40	41	54	72	211,5	60	47	40	90
164,5	80	47	30	70	212,5	36	51	56	70
165	40	44	72	90	213,75	48	57	60	90
166,25	48	57	60	70	214,5	32	88	80	52
166,5	60	37	40	90	215	40	43	48	80
168	48	56	80	96	216	40	54	60	80
168,75	56	45	40	70	217	60	62	48	84
169	40	52	72	78	217,5	40	58	72	90
170	48	51	60	80	218,5	40	46	60	95
170,5	48	31	40	88	220	36	44	60	90
171	86	38	30	90	220,5	60	49	40	90
171,5	80	49	30	70	221	40	52	60	85
172	40	43	54	72	222	60	37	40	120
172,5	40	46	72	90	224	40	56	60	80
173,25	120	63	32	88	225	80	50	30	90
174	48	58	80	96	225,5	32	41	60	88
175	40	50	60	70	227,5	72	70	40	78
175,5	40	54	72	78	228	40	57	72	96
176	40	44	60	80	229,5	40	54	60	85
178,5	80	51	36	84	230	36	46	60	90
180	40	48	72	90	231	32	42	60	88
180,5	90	57	40	95	232	40	58	60	80
181,5	48	33	40	88	232,5	48	31	40	120
182	40	56	72	78	234	80	52	30	90
182,25	80	54	32	72	235	40	47	48	80
184	40	46	60	80	236,5	32	43	60	88
184,5	60	41	40	90	237,5	40	50	60	95
185	40	37	48	80	238	40	56	60	85
186	60	31	40	120	240	36	48	60	90
187	40	51	72	88	242	32	44	60	88
187,5	40	50	72	90	243	80	54	30	90
188	40	47	54	72	245	40	49	48	80
188,5	40	58	72	78	246	60	41	40	120
189	40	54	60	70	246,5	40	58	60	85
190	32	80	90	57	247	40	52	60	95
191,25	30	90	96	51	247,5	60	55	40	90
192	40	48	60	80	248	60	31	30	120
192,5	80	55	30	70	250	36	50	60	90

Tabelle 6 (Fortsetzung).

Teilkreis Ø	a	b	c	d	Teilkreis Ø	a	b	c	d
252	80	56	30	90	318,5	36	49	40	78
253	32	46	60	88	319	32	58	60	88
253,5	48	52	40	78	320	60	40	30	120
255	48	34	40	120	322	30	46	48	84
256	60	32	30	120	322,5	48	43	40	120
256,5	40	54	60	95	324	60	54	40	120
258	60	43	40	120	325	36	50	40	78
258,5	32	47	60	88	328	60	41	30	120
259	35	37	48	98	329	30	47	48	84
260	36	52	60	90	330	60	55	40	120
261	80	58	30	90	332,5	30	57	48	70
262,5	48	35	40	120	333	40	37	30	90
264	32	48	60	88	336	60	56	40	120
266	40	56	60	95	337,5	48	45	40	120
266,5	36	41	40	78	338	30	52	48	78
269,5	32	49	60	88	340	48	34	30	120
270	36	54	60	90	341	32	62	60	88
272	60	34	30	120	342	40	57	45	90
273	36	84	80	78	343	30	49	48	84
275	40	55	48	80	344	60	43	30	120
275,5	40	58	60	95	345	48	46	40	120
276	60	46	40	120	346,5	32	44	40	84
277,5	48	37	40	120	348	60	58	40	120
279	40	62	60	90	350	30	50	48	84
279,5	36	43	40	78	351	36	54	40	78
280	36	56	60	90	352	60	44	30	120
282	60	47	40	120	352,5	48	47	40	120
283,5	32	54	60	84	357,5	36	55	40	78
285	48	38	40	120	360	56	56	40	120
286	32	52	60	88	363	32	55	50	88
287	30	41	48	84	364	36	56	40	78
288	60	48	40	120	364,5	32	54	50	90
290	36	58	60	90	367,5	48	49	40	120
292,5	36	90	80	78	368	60	46	30	120
294	60	49	40	120	369	40	41	30	90
296	60	37	30	120	370	48	37	30	120
297	32	54	60	88	372	40	31	30	120
297,5	30	85	80	70	374	32	51	45	88
299	36	46	40	78	375	48	50	40	120
300	60	50	40	120	376	60	47	30	120
301	30	43	48	84	377	36	58	40	78
302,5	32	55	60	88	378	30	54	48	84
304	60	38	30	120	380	48	38	30	120
305,5	36	47	40	78	382,5	32	51	45	90
306	40	51	45	90	384	60	48	30	120
307,5	48	41	40	120	385	30	55	48	84
308	32	56	60	88	387	40	43	30	90
310	48	31	30	120	390	32	39	45	120
312	60	52	40	120	392	40	98	60	80
315	30	45	48	84					

Tabelle 7. Verstellung der Teil-

Zähne-zahl	Starke Zähne										0
	— 10	— 9	— 8	— 7	— 6	— 5	— 4	— 3	— 2	— 1	
10	13,37	13,86	14,36	14,85	15,35	15,84	16,34	16,83	17,33	17,82	18,32
11	12,15	12,60	13,05	13,50	13,95	14,40	14,85	15,30	15,75	16,20	16,65
12	11,14	11,55	11,96	12,38	12,79	13,20	13,61	14,03	14,44	14,85	15,26
13	10,28	10,66	11,04	11,42	11,80	12,19	12,57	12,95	13,33	13,71	14,09
14	9,55	9,90	10,25	10,61	10,96	11,31	11,67	12,02	12,37	12,73	13,08
15	8,91	9,24	9,57	9,90	10,23	10,56	10,89	11,22	11,55	11,88	12,21
16	8,35	8,66	8,97	9,28	9,59	9,90	10,21	10,52	10,83	11,14	11,45
17	7,86	8,15	8,44	8,74	9,03	9,32	9,61	9,90	10,19	10,48	10,77
18	7,43	7,70	7,98	8,25	8,53	8,80	9,08	9,35	9,63	9,90	10,18
19	7,03	7,29	7,56	7,82	8,08	8,34	8,60	8,86	9,12	9,38	9,64
20	6,68	6,93	7,18	7,43	7,67	7,92	8,17	8,42	8,66	8,91	9,16
21	6,36	6,60	6,83	7,07	7,31	7,54	7,78	8,01	8,25	8,49	8,72
22	6,08	6,30	6,53	6,75	6,98	7,20	7,43	7,65	7,88	8,10	8,33
23	5,81	6,03	6,24	6,46	6,67	6,89	7,10	7,32	7,53	7,75	7,96
24	5,57	5,78	5,98	6,19	6,39	6,60	6,81	7,01	7,22	7,43	7,63
25	5,35	5,54	5,74	5,94	6,14	6,34	6,53	6,73	6,93	7,13	7,33
26	5,14	5,33	5,52	5,71	5,90	6,09	6,28	6,47	6,66	6,85	7,04
27	4,95	5,13	5,32	5,50	5,68	5,87	6,05	6,23	6,42	6,60	6,78
28	4,77	4,95	5,13	5,30	5,48	5,66	5,83	6,01	6,19	6,36	6,54
29	4,61	4,78	4,95	5,12	5,29	5,46	5,63	5,80	5,97	6,14	6,32
30	4,46	4,62	4,79	4,95	5,12	5,28	5,45	5,61	5,78	5,94	6,11
31	4,31	4,47	4,63	4,79	4,95	5,11	5,27	5,43	5,59	5,75	5,91
32	4,18	4,33	4,49	4,64	4,80	4,95	5,10	5,26	5,41	5,57	5,72
33	4,05	4,20	4,35	4,50	4,65	4,80	4,95	5,10	5,25	5,40	5,55
34	3,93	4,08	4,22	4,37	4,51	4,66	4,80	4,95	5,10	5,24	5,39
35	3,82	3,96	4,10	4,24	4,38	4,53	4,67	4,81	4,95	5,09	5,23
36	3,71	3,85	3,99	4,13	4,26	4,40	4,54	4,68	4,81	4,95	5,09
37	3,61	3,75	3,88	4,01	4,15	4,28	4,41	4,55	4,68	4,82	4,95
38	3,52	3,65	3,78	3,91	4,04	4,17	4,30	4,43	4,56	4,69	4,82
39	3,43	3,55	3,68	3,81	3,93	4,06	4,19	4,32	4,44	4,57	4,70
40	3,34	3,47	3,59	3,71	3,84	3,96	4,08	4,21	4,33	4,46	4,58
41	3,26	3,38	3,50	3,62	3,74	3,86	3,98	4,10	4,22	4,35	4,47
42	3,18	3,30	3,42	3,54	3,65	3,77	3,89	4,01	4,12	4,24	4,36
43	3,11	3,22	3,34	3,45	3,57	3,68	3,80	3,91	4,03	4,14	4,26
44	3,04	3,15	3,26	3,38	3,49	3,60	3,71	3,83	3,94	4,05	4,16
45	2,97	3,08	3,12	3,30	3,41	3,52	3,63	3,74	3,85	3,96	4,07
46	2,91	3,01	3,19	3,23	3,34	3,44	3,55	3,66	3,77	3,87	3,98
47	2,84	2,95	3,05	3,16	3,26	3,37	3,48	3,58	3,69	3,79	3,90
48	2,78	2,89	2,99	3,09	3,20	3,30	3,40	3,51	3,61	3,71	3,82
49	2,73	2,83	2,93	3,03	3,13	3,23	3,33	3,43	3,54	3,64	3,74
50	2,67	2,77	2,87	2,97	3,07	3,17	3,27	3,37	3,47	3,56	3,66
51	2,62	2,72	2,81	2,91	3,01	3,31	3,20	3,20	3,40	3,49	3,59
52	2,57	2,67	2,76	2,86	2,95	3,05	3,14	3,24	3,33	3,43	3,52
53	2,52	2,62	2,71	2,80	2,90	2,99	3,08	3,18	3,27	3,36	3,46
54	2,48	2,57	2,66	2,75	2,84	2,93	3,03	3,12	3,21	3,30	3,39
55	2,43	2,52	2,61	2,70	2,79	2,88	2,97	3,06	3,15	3,24	3,33
56	2,39	2,48	2,56	2,65	2,74	2,83	2,92	3,01	3,09	3,18	3,27
57	2,34	2,43	2,52	2,61	2,69	2,78	2,87	2,95	3,04	3,13	3,21
58	2,30	2,39	2,48	2,56	2,65	2,73	2,82	2,90	2,99	3,07	3,16
59	2,27	2,35	2,43	2,52	2,60	2,68	2,77	2,85	2,94	3,02	3,10
60	2,23	2,31	2,39	2,48	2,56	2,64	2,72	2,81	2,89	2,97	3,05

scheibe bei der Übersetzung 1:1.

Schwache Zähne										Zähne-zahl
+ 1	+ 2	+ 3	+ 4	+ 5	+ 6	+ 7	+ 8	+ 9	+ 10	
18,81	19,31	19,80	20,30	20,79						10
17,10	17,55	18,00	18,45	18,90	19,35					11
15,68	16,09	16,50	16,91	17,33	17,74					12
14,47	14,85	15,23	15,61	15,99	16,37					13
13,44	13,79	14,14	14,50	14,85	15,20					14
12,54	12,87	13,20	13,53	13,86	14,19					15
11,76	12,07	12,38	12,68	12,99	13,30					16
11,06	11,36	11,65	11,94	12,23	12,52					17
10,45	10,73	11,00	11,28	11,55	11,83					18
9,90	10,16	10,42	10,68	10,94	11,20					19
9,41	9,65	9,90	10,15	10,40	10,64					20
8,96	9,19	9,43	9,66	9,90	10,14	10,37				21
8,55	8,78	9,00	9,23	9,45	9,68	9,90				22
8,18	8,39	8,61	8,82	9,04	9,25	9,47				23
7,84	8,04	8,25	8,46	8,66	8,87	9,08				24
7,52	7,72	7,92	8,12	8,32	8,51	8,71				25
7,23	7,43	7,62	7,81	8,00	8,19	8,38				26
6,97	7,15	7,33	7,52	7,70	7,88	8,07				27
6,72	6,89	7,07	7,25	7,43	7,60	7,78				28
6,49	6,66	6,83	7,00	7,17	7,34	7,51				29
6,27	6,44	6,60	6,77	6,93	7,10	7,26				30
6,07	6,23	6,39	6,55	6,71	6,87	7,03	7,19			31
5,88	6,03	6,19	6,34	6,50	6,65	6,81	6,96			32
5,70	5,85	6,00	6,15	6,30	6,45	6,60	6,75			33
5,53	5,68	5,82	5,97	6,11	6,26	6,41	6,55			34
5,37	5,52	5,66	5,80	5,94	6,08	6,22	6,36			35
5,23	5,36	5,50	5,64	5,78	5,91	6,05	6,19			36
5,08	5,22	5,35	5,49	5,62	5,75	5,89	6,02			37
4,95	5,08	5,21	5,34	5,47	5,60	5,73	5,86			38
4,82	4,95	5,08	5,20	5,33	5,46	5,58	5,71			39
4,70	4,83	4,95	5,07	5,20	5,32	5,45	5,57			40
4,59	4,71	4,83	4,95	5,07	5,19	5,31	5,43	5,55		41
4,48	4,60	4,71	4,83	4,95	5,07	5,19	5,30	5,42		42
4,37	4,49	4,60	4,72	4,83	4,95	5,07	5,18	5,30		43
4,28	4,39	4,50	4,61	4,73	4,84	4,95	5,06	5,18		44
4,18	4,29	4,40	4,51	4,62	4,73	4,84	4,95	5,06		45
4,09	4,20	4,30	4,41	4,52	4,63	4,73	4,84	4,95		46
4,00	4,11	4,21	4,32	4,42	4,53	4,63	4,74	4,84		47
3,92	4,02	4,12	4,23	4,33	4,43	4,54	4,64	4,74		48
3,84	3,94	4,04	4,14	4,24	4,34	4,44	4,55	4,65		49
3,76	3,86	3,96	4,06	4,16	4,26	4,36	4,46	4,55		50
3,69	3,79	3,88	3,98	4,08	4,17	4,27	4,37	4,46	4,56	51
3,62	3,71	3,81	3,90	4,00	4,09	4,19	4,28	4,38	4,47	52
3,55	3,64	3,74	3,83	3,92	4,02	4,11	4,20	4,30	4,39	53
3,48	3,58	3,67	3,76	3,85	3,94	4,03	4,13	4,22	4,31	54
3,42	3,51	3,60	3,69	3,78	3,87	3,96	4,05	4,14	4,23	55
3,36	3,45	3,54	3,62	3,71	3,80	3,89	3,98	4,07	4,15	56
3,30	3,39	3,47	3,56	3,65	3,73	3,82	3,91	3,99	4,08	57
3,24	3,33	3,41	3,50	3,58	3,67	3,76	3,84	3,93	4,01	58
3,19	3,27	3,36	3,44	3,52	3,61	3,69	3,78	3,86	3,94	59
3,14	3,22	3,30	3,38	3,47	3,55	3,63	3,71	3,80	3,88	60

Tabelle 7. Verstellung der Teil-

Zähne-zahl	Starke Zähne										0
	— 10	— 9	— 8	— 7	— 6	— 5	— 4	— 3	— 2	1 —	
61	2,19	2,27	2,35	2,43	2,52	2,59	2,68	2,76	2,84	2,92	3,00
62	2,16	2,24	2,32	2,39	2,47	2,55	2,63	2,71	2,79	2,87	2,95
63	2,12	2,20	2,28	2,36	2,44	2,51	2,59	2,67	2,75	2,83	2,91
64	2,09	2,17	2,24	2,32	2,40	2,47	2,55	2,63	2,71	2,78	2,86
65	2,06	2,13	2,21	2,28	2,36	2,44	2,51	2,59	2,67	2,74	2,82
66	2,03	2,10	2,18	2,25	2,33	2,40	2,48	2,55	2,63	2,70	2,73
67	1,99	2,07	2,14	2,22	2,29	2,36	2,44	2,51	2,59	2,66	2,73
68	1,97	2,04	2,11	2,18	2,26	2,33	2,40	2,47	2,55	2,62	2,69
69	1,94	2,01	2,08	2,15	2,22	2,29	2,37	2,44	2,51	2,58	2,65
70	1,91	1,98	2,05	2,12	2,19	2,26	2,33	2,40	2,47	2,54	2,62
71	1,89	1,95	2,02	2,09	2,16	2,23	2,30	2,37	2,44	2,41	2,58
72	1,85	1,92	1,99	2,06	2,13	2,20	2,27	2,34	2,41	2,47	2,54
73	1,82	1,89	1,95	2,02	2,09	2,17	2,24	2,30	2,37	2,44	2,51
74	1,80	1,87	1,94	2,01	2,07	2,14	2,21	2,27	2,34	2,41	2,47
75	1,78	1,85	1,91	1,98	2,04	2,11	2,18	2,24	2,31	2,37	2,44
76	1,75	1,82	1,89	1,95	2,02	2,08	2,15	2,21	2,28	2,34	2,41
77	1,73	1,80	1,86	1,92	1,99	2,06	2,12	2,18	2,25	2,31	2,38
78	1,71	1,77	1,84	1,90	1,96	2,03	2,09	2,16	2,22	2,28	2,35
79	1,69	1,75	1,81	1,88	1,94	2,00	2,06	2,13	2,19	2,25	2,31
80	1,67	1,73	1,79	1,85	1,92	1,98	2,04	2,10	2,16	2,23	2.29
81	1,65	1,71	1,77	1,83	1,89	1,95	2,01	2,08	2,14	2,20	2,26
82	1,63	1,69	1,75	1,81	1,87	1,93	1,99	2,05	2,11	2,17	2,23
83	1,61	1,67	1,73	1,79	1,85	1,91	1,97	2,03	2,09	2,15	2,21
84	1,59	1,65	1,71	1,77	1,83	1,88	1,94	2,00	2,06	2,12	2,18
85	1,57	1,63	1,69	1,75	1,80	1,86	1,92	1,98	2,04	2,10	2,15
86	1,55	1,61	1,67	1,73	1,78	1,84	1,90	1,96	2,01	2,07	2,13
87	1,53	1,59	1,65	1,71	1,76	1,82	1,88	1,93	1,99	2,05	2,10
88	1,52	1,57	1,63	1,69	1,74	1,80	1,85	1,91	1,97	2,02	2,08
89	1,50	1,56	1,61	1,67	1,72	1,78	1,83	1,89	1,95	2,00	2,06
90	1,48	1,54	1,59	1,65	1,70	1,76	1,81	1,87	1,92	1,98	2,03
91	1,47	1,52	1,57	1,63	1,68	1,74	1,79	1,85	1,90	1,96	2,01
92	1,45	1,51	1,56	1,61	1,67	1,72	1,77	1,83	1,88	1,94	1,99
93	1,44	1,49	1,54	1,59	1,65	1,70	1,75	1,81	1,86	1,92	1,97
94	1,42	1,47	1,53	1,58	1,63	1,68	1,74	1,79	1,84	1,89	1,95
95	1,40	1,46	1,51	1,56	1,61	1,67	1,72	1,77	1,82	1,87	1,93
96	1,39	1,44	1,49	1,55	1,60	1,65	1,70	1,75	1,80	1,86	1,91
97	1,38	1,43	1,48	1,53	1,58	1,63	1,68	1,73	1,78	1,84	1,89
98	1,36	1,41	1,46	1,51	1,56	1,62	1,66	1,72	1,77	1,82	1,87
99	1,35	1,40	1,45	1,50	1,55	1,60	1,65	1,70	1,75	1,80	1,85
100	1,33	1,38	1,43	1,48	1,53	1,58	1,63	1,68	1,73	1,78	1,83

Tabelle 8. Verstellung der

Übersetzungs-verhältnis	Modul 2		Modul 3		Modul 4		Modul 5	
	Getriebe	Rad	Getriebe	Rad	Getriebe	Rad	Getriebe	Rad
2 : 3	— 1	+ 1	— 1	+ 1	— 2	+ 2	— 2	+ 2
1 : 2	— 1	+ 1	— 1	+ 1	— 2	+ 2	— 2	+ 2
1 : 2,5	— 1	+ 1	— 2	+ 2	— 2	+ 2	— 2	+ 2
1 : 3	— 1	+ 1	— 2	+ 2	— 2	+ 2	— 2	+ 2
1 : 4	— 1	+ 1	— 2	+ 2	— 3	+ 3	— 3	+ 3
1 : 5	— 1	+ 1	— 2	+ 2	— 3	+ 3	— 3	+ 3
1 : 6	— 1	+ 1	— 2	+ 2	— 3	+ 3	— 4	+ 4
1 : 7	— 1	+ 1	— 2	+ 2	— 3	+ 3	— 4	+ 4
1 : 8	— 1	+ 1	— 2	+ 2	— 3	+ 3	— 4	+ 4

scheibe bei der Übersetzung 1:1. (Fortsetzung).

Schwache Zähne										Zähne-zahl
+ 1	+ 2	+ 3	+ 4	+ 5	+ 6	+ 7	+ 8	+ 9	+ 10	
3,08	3,16	3,25	3,33	3,41	3,49	3,57	3,65	3,73	3,81	61
3,03	3,11	3,19	3,27	3,35	3,43	3,51	3,59	3,67	3,75	62
2,99	3,06	3,14	3,22	3,30	3,38	3,46	3,54	3,61	3,69	63
2,94	3,02	3,09	3,17	3.25	3,33	3,40	3,48	3,56	3,63	64
2,84	2,97	3,05	3,12	3,20	3,27	3,35	3,43	3,50	3,58	65
2,85	2,93	3,00	3,08	3,15	3,23	3,30	3,38	3,45	3,53	66
2,81	2,88	2,96	3,03	3,10	3,18	3,25	3,32	3,40	3,47	67
2,77	2,84	2,91	2,98	3,06	3,13	3,20	3,28	3,35	3,42	68
2,73	2,79	2,87	2,94	3,01	3,08	3,16	3,23	3,30	3,37	69
2,69	2,76	2,83	2,90	2,97	3,04	3,11	3,18	3,25	3,32	70
2,65	2,72	2,79	2,86	2,93	2,99	3,07	3,14	3,21	3,28	71
2,61	2,68	2,75	2,82	2,88	2,96	3,02	3,09	3,16	3,23	72
2,57	2,64	2,71	2,78	2,85	2,91	2,98	3,05	3,12	3,19	73
2,54	2,61	2,67	2,74	2,81	2,87	2,94	3,01	3,07	3,14	74
2,51	2,57	2,64	2,71	2,77	2,84	2,90	2,97	3,04	3,10	75
2,47	2,54	2,61	2,67	2,73	2,80	2,86	2,93	2,99	3,06	76
2,44	2,51	2,57	2,63	2,70	2,76	2,82	2,89	2,96	3,02	77
2,41	2,47	2,54	2,60	2,66	2,73	2,79	2,86	2,92	2,98	78
2,38	2,44	2,50	2,57	2,63	2,69	2,75	2,82	2,88	2,94	79
2,35	2,41	2,47	2,53	2,59	2,66	2,72	2,78	2,84	2,91	80
2,32	2,38	2,44	2,51	2,56	2,63	2,69	2,75	2,81	2,87	81
2,29	2,35	2,41	2,47	2,53	2,59	2,65	2,71	2,77	2,84	82
2,26	2,32	2,38	2,44	2,50	2,56	2,62	2,68	2,74	2,80	83
2,23	2,29	2,35	2,41	2,47	2,53	2,59	2,65	2,71	2,77	84
2,21	2,27	2,33	2,39	2,44	2,50	2,56	2,62	2,68	2,73	85
2,19	2,24	2,30	2,36	2,42	2,47	2,53	2,59	2,65	2,70	86
2,16	2,22	2,27	2,33	2,39	2,45	2,50	2,56	2,62	2,67	87
2,14	2,19	2,25	2,30	2,36	2,42	2,47	2,53	2,59	2,64	88
2,11	2,17	2,22	2,28	2,33	2,39	2,44	2,50	2,56	2,61	89
2,09	2,14	2,20	2,25	2,31	2,36	2,42	2,47	2,53	2,58	90
2,06	2,12	2,17	2,23	2,28	2,34	2,39	2,45	2,50	2,55	91
2,04	2,09	2,15	2,20	2,26	2,31	2,37	2,42	2,47	2,53	92
2,02	2,07	2,13	2,18	2,23	2,29	2,34	2,39	2,45	2,50	93
2,00	2,05	2,10	2,16	2,21	2,26	2,32	2,37	2,42	2,47	94
1,98	2,03	2,08	2,13	2,19	2,24	2,29	2,34	2,39	2,45	95
1,96	2,01	2,06	2,11	2,16	2,22	2,27	2,32	2,37	2,42	96
1,94	1,99	2,04	2,09	2,14	2,19	2,24	2,29	2,35	2,40	97
1,92	1,97	2,02	2,07	2,12	2,17	2,22	2,27	2,32	2,37	98
1,90	1,95	2,00	2,05	2,10	2,15	2,20	2,25	2,30	2,35	99
1,88	1,93	1,98	2,03	2,08	2,13	2,18	2,23	2,28	2,33	100

Teilscheibe bei größerer Übersetzung.

Übersetzungs-verhältnis	Modul 6		Modul 7		Modul 8		Modul 10	
	Getriebe	Rad	Getriebe	Rad	Getriebe	Rad	Getriebe	Rad
2 : 3	— 2	+ 2	— 3	+ 3	— 3	+ 3	— 3	+ 3
1 : 2	— 2	+ 2	— 3	+ 3	— 3	+ 3	— 3	+ 3
1 : 2,5	— 2	+ 2	— 3	+ 3	— 3	+ 3	— 3	+ 3
1 : 3	— 2	+ 2	— 3	+ 3	— 3	+ 3	— 4	+ 4
1 : 4	— 3	+ 3	— 3	+ 3	— 3	+ 3	— 4	+ 4
1 : 5	— 4	+ 4	— 4	+ 4	— 4	+ 4	— 4	+ 4
1 : 6	— 4	+ 4	— 4	+ 4	— 4	+ 4	— 4	+ 4
1 : 7	— 4	+ 4	— 4	+ 4	— 4	+ 4	— 4	+ 4
1 : 8	— 4	+ 4	— 4	+ 4	— 4	+ 4	— 5	+ 5

9. Beispiel: Für die Zähnezahlen 20:80 und Modul 5 ist nach Tabelle 8 die Korrektur für das Triebrad — 3 Einheiten, für das Gegenrad + 3 Einheiten, die Gesamtverstellung für das Triebrad nach Tabelle 7 unter — 3 für 20 Zähne 8,42 Striche und für das Gegenrad nach Reihe + 3 für 80 Zähne 2,47 Striche. Für den Mittelschnitt ist die halbe Strichzahl einzustellen, wenn für den rechten Schnitt die Teilscheibe auf ½ und für den linken Schnitt die ganze Strichzahl eingestellt wird. Nach der Einstellung werden die Teilscheiben nach Abb. 57a, b, c mittelst Mutterschraube festgestellt. a gibt die Einstellung für den Mittelschnitt, b für den rechten und c für den linken Seitenschnitt an.

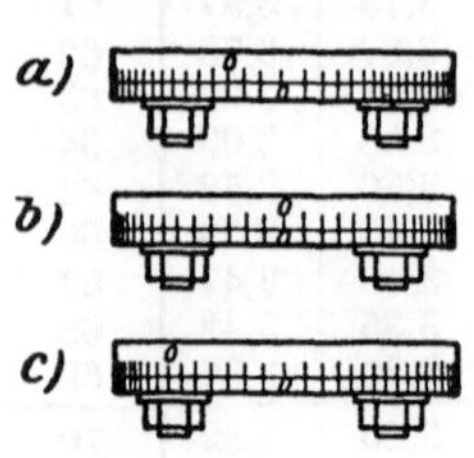

Abb. 57a, b und c.
Einstellung der Teilscheiben.

B. Bearbeitung mit dem Kammstahl.

An Stelle der Schneidstähle kann man bei der beschriebenen Stirnrad-Hobelmaschine auch den Kammstahl verwenden, der das volle Profil der Zahnstange für einige Zähne erhält, die mit dem Werkrad in Eingriff gebracht werden. Nach den Angaben der Beispiele 2 und 4 (S. 25 und 34) können die Abmessungen und die Einstellungen des Kammstahles berechnet werden. Für die Bearbeitung eines Stirnräderpaares mit den Zähnezahlen $\frac{Z}{z} = \frac{96}{12}$ und 5 Modul für $\alpha = 20^0$ Eingriffswinkel sind die Bearbeitungsangaben folgende:

10. Beispiel:

	Für kleines Rad	Für großes Rad
Zähnezahl	$z = 12$	$Z = 96$
Modul und Teilung	$m = 5,$ $\quad t = 15,7$	
Breite.	$b = 10 \cdot m = 50$	
Achsenabstand	$R + r = 270$	
Teilkreisdurchmesser	$2 \cdot r = 60$	$2 \cdot R = 480$
Außendurchmesser	$2 \cdot r_k = 69,4$	$2 \cdot R_k = 488$
Zahntiefe	$h = 9,5$	$H = 13,5$
Schneidenbreite an der Spitze des Werkzeugs	$b_s = 3,8$	
Flankenwinkel des Werkzeugs Modul und Teilung des Kammstahles	$\alpha_s = 15^0$	
	$m_s = 4,87,$ $\quad t_s = 15,3$	
Zahnhöhe des Kammstahles	$h_s = 15$	
Vorschubwechselräder	$\frac{40 \cdot 32}{52 \cdot 120}$	$\frac{30 \cdot 32}{52 \cdot 72}$

Die Bearbeitungslaufkreise der Werkstücke erhalten die Teilung oder den Modul des Kammstahles. Nach Abb. 58 bestehen zwischen diesen und den Eingriffswinkeln folgende Beziehungen:

Der Bearbeitungsmodul ist $m_b = m_s$, der Bearbeitungslaufkreis ist daher für das kleine Zahnrad $2 \cdot r_b = z \cdot m_b$, für das große Rad $2 \cdot R_b = Z \cdot m_b$. Da $r \cdot \cos \alpha = r_b \cdot \cos \alpha_s$ oder $z \cdot m \cdot \cos \alpha = z \cdot m_b \cdot \cos \alpha_s$ ist, erhält man aus der Gleichung

$$m \cdot \cos \alpha = m_b \cdot \cos \alpha_s \qquad (58)$$

den Bearbeitungsmodul oder die Teilung für den Kammstahl

$$m_b = \frac{m \cdot \cos \alpha}{\cos \alpha_s} = \frac{5 \cdot 0{,}94}{0{,}966} = 4{,}87 = m_s \, .$$

Damit ergeben sich die Bearbeitungslaufkreisdurchmesser

$$2 \cdot r_b = 12 \cdot 4{,}87 = 58{,}5 \quad \text{für das Triebrad und}$$

$$2 \cdot R_b = 96 \cdot 4{,}87 = 468 \quad \text{für das Gegenrad,}$$

und die Zähnezahlen der Vorschubwechselräder aus

$$\frac{120}{58{,}6} = \frac{40 \cdot 32}{52 \cdot 120} \quad \text{und} \quad \frac{120}{468} = \frac{30 \cdot 32}{52 \cdot 72} \, .$$

Das Profil des Kammstahles ist in Abb. 59 angegeben. Die Einstellung der Spitze der Kammstahlschneiden entspricht der Zahntiefe, die, vom Außendurchmesser aus gemessen, 9,5 fürs Triebrad und 13,5 fürs Gegenrad beträgt. Beim Abdrehen der Zahnräder sind die Außendurchmesser genau einzuhalten.

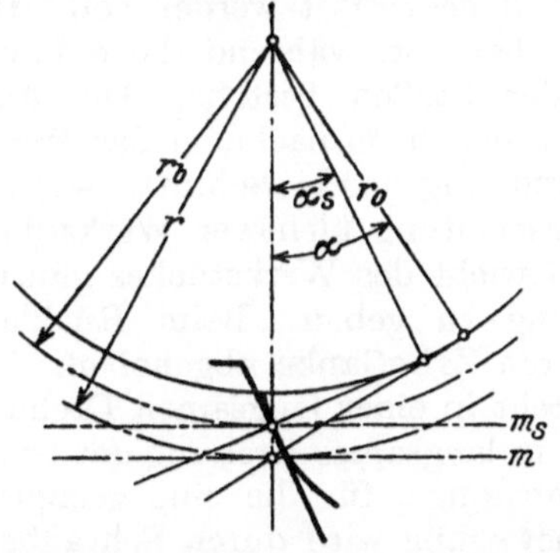

Abb. 58. Bearbeitung mit dem Kammstahl bei Änderung von Teilung und Eingriffswinkel.

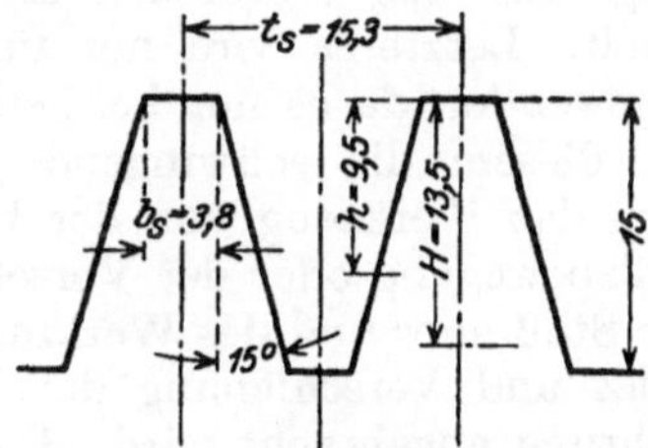

Abb. 59. Kammstahlprofil zu Beispiel 8.

Die Einstellung der Teilscheibe erfolgt wie für den Mittelschnitt mit dem Schneidstahl.

Aus der Gleichung (58) kann man auch umgekehrt für einen Kammstahl von gegebener Teilung und bestimmtem Eingriffswinkel den Eingriffswinkel für Werkräder mit bestimmter Teilung ermitteln. Für $m = 5{,}2$, $m_s = 5$ und $\alpha_s = 15^\circ$ ergibt sich aus

$$\cos \alpha = \frac{m_s \cdot \cos \alpha_s}{m} = \frac{5 \cdot 0{,}966}{5{,}2} = 0{,}93$$

der Eingriffswinkel $\alpha = 21^\circ\,30'$. Die anderen Werte sind nach Beispiel 4 zu berechnen.

Bei größerem Unterschied zwischen Werkzeug- und Werkradmodul kann man bei dem Kammstahl auch Seitenverstellung in ähnlicher Weise wie bei dem Schneidstahl anwenden.

Bei der Bearbeitung mit dem Kammstahl kann man daher mit dem normalen Werkzeug Stirnräder mit verschiedener Teilung, mit verschiedenem Eingriffswinkel, bei verschiedener Zahnstärke, von gleicher Festigkeit, geringer Abnützung, gutem Wirkungsgrad und spielfreiem Gang nach den angegebenen Beispielen berechnen und herstellen.

Durch Änderung des Vorschubes kann die Bearbeitung mit dem Kammstahl für den Vorschnitt und für den Fertigschnitt eingestellt werden. Durch die Möglichkeit, nach der Berechnung die günstigsten Bearbeitungs- und Betriebsverhältnisse einzustellen, ist der Kammstahl neben dem Schneidstahl ein besonders geeignetes Werkzeug für Stirnradbearbeitung.

C. Bearbeitung mit dem Stoßrad.

Das Stoßrad kann zur Bearbeitung von Stirnrädern mit geraden und schrägen Zähnen, für Außen- und Innenverzahnung und zur Bearbeitung von Zahnstangen angewendet werden. Der kinematische Vorgang beim Abwälzverfahren mit dem Stoßrad entspricht dem Vorgang beim Kämmen eines Räderpaares, an dessen Stelle Stoßrad und Werkrad treten, oder dem Abwälzen zwischen Zahnrad und Zahnstange, wenn eine Zahnstange mit dem Stoßrad bearbeitet werden soll. Die Wälzbewegung wird für den Vorschub benutzt, während die Schnitt- oder Arbeitsbewegung im Hobeln oder Stoßen besteht. Die Ausführung der Stoßradmaschinen ist verschieden, je nachdem das Werkzeug oder das Werkstück die auf- und abgehende Schnittbewegung erhält. Letzteres wird nur für die Bearbeitung kleinerer Werkstücke angewendet, da es nur bei geringem Gewicht des Werkstückes günstig ist, diesem die schwingende Bewegung zu geben. Beim Rücklauf wird das Werkzeug von der bearbeiteten Zahnflanke abgehoben. Die Wälzbewegung oder der Vorschub besteht in einer langsamen Drehung des Stoßrades und des Werkrades oder in langsamer Drehung des Stoßrades und Verschiebung der Werkzahnstange, für die eine geeignete Führung angebracht wird. Die Wälzbewegung wird durch Schraubenrad und Schnecke und durch Wechselrädergetriebe vom Hauptantrieb abgeleitet. Die Übersetzung der Wechselräder wird nach der Zähnezahl des Werkrades oder nach der Übersetzung von Werk- und Stoßrad berechnet. Für die Bearbeitung von Stirnrädern mit schrägen Zähnen oder mit Winkelzähnen oder von Schraubenrädern oder von Zahnstangen mit schrägen Zähnen erhält das Stoßrad und das Werkrad oder die Werkzahnstange neben der Wälzbewegung, die für den Vorschub dient, noch eine zusätzliche Wälzbewegung, die für die hin- und hergehende Arbeitsbewegung schwingend ausgeführt wird.

Die Stoßradbearbeitung ist zufolge ihrer vielseitigen Anwendbarkeit und leichten Einstellung für verschiedene günstige Bearbeitungs- und Betriebsverhältnisse besonders bevorzugt. Ohne auf die konstruktiven Einzelheiten der Stoßradmaschinen näher eingehen zu müssen, kann man nach folgenden Beispielen die Angaben für die Einstellung des Stoßrades zur Bearbeitung bestimmter Werkstücke berechnen.

Stoßradbearbeitung für Stirnräder mit geraden Zähnen.

1. Für Außenverzahnung.

Die bei der Bearbeitung benutzten Wälz- oder Laufkreise sind zu unterscheiden von den Teil- oder Betriebslaufkreisen. Sie werden Bearbeitungslaufkreise genannt und durch den Index b gekennzeichnet.

Für das Stoßrad wird noch der Index s angehängt. Im allgemeinen lassen sich die Beziehungen der Grund- und Laufkreise für ein Räderpaar oder für Zahnrad und Stoßrad bei verändertem Achsenabstand oder veränderten Laufkreisdurchmessern nach Abb. 60 durch die Gleichungen ausdrücken:

$$r_0 = r \cdot \cos \alpha = r_1 \cdot \cos \alpha_1 \quad \text{und} \quad R_0 = R \cdot \cos \alpha = R_1 \cdot \cos \alpha_1$$

oder

$$z \cdot m_0 = z \cdot m \cdot \cos \alpha = z \cdot m_1 \cdot \cos \alpha_1 \text{ somit } m_0 = m \cdot \cos \alpha = m_1 \cdot \cos \alpha_1,$$

wobei r_1 und R_1 die geänderten Radien, m_1 und α_1 den geänderten Modul und Eingriffswinkel bezeichnen. Daher gilt die für den Kamm-stahl angegebene Gleichung (58) auch für das Stoßrad. Mit dieser Gleichung kann man den Modul für einen anderen Eingriffswin-kel, oder den Eingriffswinkel für einen anderen Modul berechnen. Es sind aber außerdem die Be-dingungen für spielfreien Gang, für gleiche Festigkeit, zur Ver-meidung des Unterschnittes usw. zu berücksichtigen. In der Glei-chung (58) $m \cdot \cos \alpha = m_b \cdot \cos \alpha_s$ ist α_s der konstante Eingriffs-winkel des Kammstahles. Beim Stoßrad ist der Eingriffswinkel für den Bearbeitungslaufkreis mit diesem veränderlich. Die Glei-chung ist daher für das Stoßrad:

$$m \cdot \cos \alpha = m_b \cdot \cos \alpha_b. \quad (59)$$

Die Bedingung für spielfreien Gang gilt sowohl für das Ab-wälzen von Werkzeug und Werk-stück in den Bearbeitungslauf-kreisen, als für das Räderpaar in den Betriebslaufkreisen.

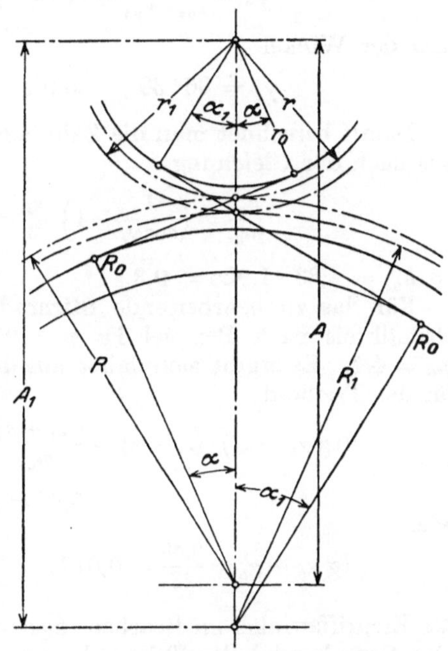

Abb. 60. Bearbeitung mit dem Stoßrad bei verschiedenem Achsenabstand.

11. Beispiel: Mit einem Stoßrad, das $m_s = 5$ Modul, $z_s = 16$ Zähne und $\alpha_s = 15^0$ Eingriffswinkel hat, soll das obige Stirnräderpaar mit den Zähnezahlen $\dfrac{Z}{z} = \dfrac{96}{12}$, dem Eingriffswinkel $\alpha = 20^0$ und dem Modul 5 bearbeitet werden.

Nimmt man die Stärke der Zähne des Stoßrades im Teilkreis vom Durchmesser $2 \cdot r_s = z_s \cdot m_s = 16 \cdot 5 = 80$ gleich der halben Teilung $s_s = \dfrac{\pi \cdot m_s}{2} = \dfrac{15,7}{2} = 7,85$ an und ist der Grundkreismodul desselben $m_{0s} = m_s \cdot \cos \alpha_s = 5 \cdot 0,966 = 4,83$, so ergibt sich die Zahnstärke des

Stoßrades im Grundkreis aus der Gleichung

$$\frac{s_{0s}}{m_{0s}} = \frac{s_s}{m_s} + z_s \cdot (\operatorname{tg}\alpha_s - \alpha_s)$$

oder

$$\frac{s_{0s}}{4{,}83} = \frac{7{,}85}{5} + 16 \cdot 0{,}00615 = 1{,}6684 \quad \text{zu} \quad s_{0s} = 8{,}07$$

und die Lückenweite desselben im Grundkreis

$$b_{0s} = t_{0s} - s_{0s} = 4{,}83 \cdot \pi - 8{,}07 = 7{,}11.$$

Für spitze Zähne des Stoßrades ergibt sich nach der Gleichung der Winkel

$$\psi_s = \frac{s_{0s}}{z_{0s} \cdot m_{0s}} = \operatorname{tg}\gamma_s - \gamma_s = \frac{1{,}6684}{16} = 0{,}104$$

und der Winkel

$$\gamma_s = 36^0\,30', \quad \text{somit} \quad \cos\gamma_s = 0{,}80386.$$

Damit berechnet man die Zahnhöhe des Stoßrades vom Grundkreis aus nach der Gleichung

$$\frac{h_{0s}}{m_{0s}} = \left(\frac{1}{\cos\gamma_s} - 1\right) \cdot \frac{z_s}{2} = 0{,}241 \cdot 8 = 1{,}925$$

zu $h_{0s} = 4{,}83 \cdot 1{,}925 = 9{,}3$.

Für das zu bearbeitende Stirnräderpaar sind die Zahnstärken im Grundkreis nach Beispiel 1a $s_0 = 9{,}4$ und $S_0 = 13$ bei dem Modul $m_0 = 4{,}7$. Es ergibt sich daher aus der Gleichung für spielfreien Gang für das Triebrad

$$\left.\begin{aligned}
(\operatorname{tg}\alpha_b - \alpha_b) \cdot (z_s + z) &= \frac{(s_{0s} + s_0)}{m_{0s}} - \pi = \frac{(8{,}07 + 9{,}4)}{4{,}83} - \pi \\
&= 0{,}48 = (\operatorname{tg}\alpha_b - \alpha_b) \cdot (16 + 12) \\
\operatorname{tg}\alpha_b - \alpha_b &= \frac{0{,}48}{28} = 0{,}0171 ,
\end{aligned}\right\} \qquad (60)$$

oder

der Eingriffswinkel im Bearbeitungslaufkreis für das Triebrad $\alpha_b = 21^0$. Der Grundmodul des Triebrades ist jetzt $m_0 = 4{,}83$.

Für das Gegenrad berechnet sich der Eingriffswinkel im Bearbeitungslaufkreis aus:

$$(\operatorname{tg}\alpha_B - \alpha_B) \cdot (16 + 96) = \frac{(8{,}07 + 13)}{4{,}83} - \pi = 4{,}36 - \pi = 1{,}22$$

oder

$$\operatorname{tg}\alpha_B - \alpha_B = \frac{1{,}22}{112} = 0{,}0109 \quad \text{zu} \quad \alpha_B = 18^0 .$$

Zur Ermittelung der Bearbeitungsangaben berechnet man für das Triebrad den Bearbeitungsmodul aus

$$\cos\alpha_b = \frac{m_0}{m_b} = \cos 21^0 = 0{,}93358 \quad \text{zu} \quad m_b = \frac{4{,}83}{0{,}9336} = 5{,}17 .$$

Der Bearbeitungslaufkreisdurchmesser ist $2 \cdot r_b = 12 \cdot 5,17 = 62$, der Grundkreisdurchmesser $2 \cdot r_0 = 58$, somit ist der Abstand der beiden Kreise $a_b = \dfrac{(62 - 58)}{2} = 2$. Für das Stoßrad sind diese Werte $2 \cdot r_{bs} = 5,17 \cdot 16 = 82,7$ und $2 \cdot r_{0s} = 4,83 \cdot 16 = 77,3$, somit der Abstand der beiden Kreise $a_{bs} = \dfrac{(82,7 - 77,3)}{2} = 2,7$.

Nach Abb. 61 ist der Abstand der Spitze des Stoßradzahnes vom Bearbeitungslaufkreis $h_{0s} - a_{bs} = 9,3 - 2,7 = 6,6$ und vom Grundkreis des Triebrades $6,6 - a_b = 4,6$.

Da die Kopfhöhe desselben $k = 4,7$ angenommen wurde und der Abstand vom Grundkreis zum Betriebslaufkreis $a = \dfrac{(60 - 58)}{2} = 1$ beträgt, so ist die Zahnhöhe dieses Werkrades vom Grundkreis aus $h_0 = 1 + 4,7 = 5,7$ und die Zahntiefe vom Kopfkreis aus $h_k = 5,7 + 4,6 = 10,3$. Dieses Maß gibt die Tiefeneinstellung des Stoßrades an. Bei abgestumpften Zähnen des Stoßrades vermindert sich diese Tiefeneinstellung desselben um die Größe der Abstumpfung.

Für das Gegenrad sind die Maße für die Tiefeneinstellung des Stoßrades in ähnlicher Weise zu ermitteln. Aus $\cos \alpha_B = \dfrac{m_0}{m_B} = 0,951$ ergibt sich der Bearbeitungsmodul für das Gegenrad zu $m_B = \dfrac{4,83}{0,951} = 5,09$. Die

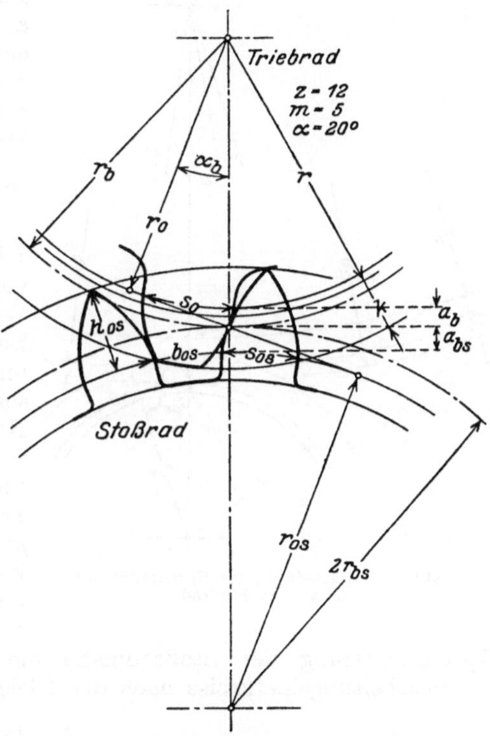

Abb. 61. Stoßradbearbeitung des Triebrades nach Beispiel 9.

Durchmesser sind $2 \cdot R_b = 5,09 \cdot 96 = 488$ für den Bearbeitungslaufkreis und $2 \cdot R_0 = 464$ für den Grundkreis.

Daher ist der Abstand der beiden Kreise $A_b = 12$. Am Stoßrad sind die Durchmesser $2 \cdot r_B = 5,09 \cdot 16 = 81,5$ für den Bearbeitungslaufkreis und $2 \cdot r_{0s} = 77,3$ für den Grundkreis. Daher ist der Abstand der beiden Kreise $a_{Bs} = 2,1$. Nach Abb. 62 ist der Abstand der genannten Grundkreise $A_b + a_{Bs} = 14,1$, der Abstand der Spitze des Stoßradzahnes vom Grundkreis des Gegenrades ist daher $14,1 - 9,3 = 4,8$. Da der Abstand des Betriebslaufkreises vom Grundkreis des Gegenrades $R - R_0 = \dfrac{(480 - 464)}{2} = 8$ und der Abstand des Kopfkreises vom Grundkreis bei $K = 4$ Kopfhöhe des Gegenrades $8 + 4 = 12$ ist, daher ist die Einstelltiefe des Stoßrades für die Bearbeitung des Gegenrades $12 - 4{,}8 = 7{,}2$. Bei Abstumpfung der Zähne des Stoßrades wird die Tiefeneinstellung um das Maß der Abstumpfung geringer. Die Zahnstärken der zu bearbeitenden Räder müssen der Gleichung für spielfreien Gang des Räderpaares genügen:

$$s_0 + S_0 = \pi + (z + Z) \cdot (\operatorname{tg} \alpha - \alpha) = 3{,}14 + 108 \cdot 0{,}015 = 23.$$

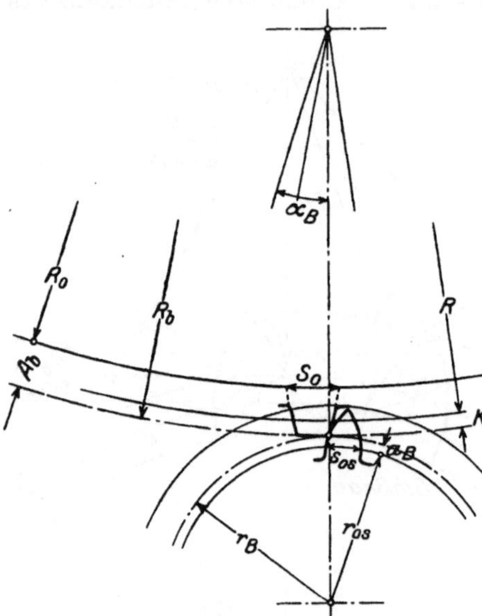

Abb. 62. Bearbeitung des Gegenrades mit demselben Stoßrad.

Da nach obiger Berechnung $s_0 + S_0 = 21$ sich ergab, ist entweder 2 mm Spielraum anzunehmen oder die Zahnstärke des Stoßrades kann um 1 mm kleiner angenommen werden.

2. Für Innenverzahnung.

Die Berechnung der Bearbeitungsangaben für Innenverzahnung kann in ähnlicher Weise erfolgen wie bei obigem Beispiel für Außenverzahnung unter Berücksichtigung der besonderen Gleichungen für das Hohlrad.

12. Beispiel. Im Beispiel 3 sind die Zahnstärken für ein Triebrad mit $z = 12$ Zähnen und ein Hohlrad mit $Z = 96$ Zähnen, Modul $m = 5$ und $\alpha = 20^0$ Eingriffswinkel berechnet. Man ermittelt nun unter Berücksichtigung der Stoßradmaße die Eingriffswinkel α_b und α_B der Bearbeitungslaufkreise nach der Gleichung (60) aus

$$(\operatorname{tg} \alpha_b - \alpha_b) \cdot (z_s + z) = \frac{(s_{0s} + s_0)}{m_{0s}} - \pi$$

für das Triebrad und nach der Gleichung (49) aus

$$(\operatorname{tg} \alpha_B - \alpha_B) \cdot (Z - z_s) = \pi - \frac{(S_0 + s_{0s})}{m_{0s}} \tag{61}$$

für das Hohlrad.

Damit sind die weiteren Bearbeitungsangaben wie im vorigen Beispiel für Außenverzahnung zu berechnen.

3. Zahnrad und Zahnstange.

Mit einem Stoßrad kann man auch Zahnstangen von verschiedener Teilung und mit verschiedenem Eingriffswinkel und die zugehörigen Stirnräder bearbeiten. Teilung und Eingriffswinkel der Zahnstange sind voneinander abhängig, so daß zu einer bestimmten Teilung ein bestimmter Eingriffswinkel gehört, der Gleichung entsprechend:

$$m = \frac{m_{0s}}{\cos \alpha}, \qquad (62)$$

wenn m_{0s} der Grundmodul des Stoßrades, α der Eingriffswinkel und m der Modul der Zahnstange ist. Der Grundmodul des Zahnstangenrades ist gleich dem Grundmodul des Stoßrades. Der Modul der Zahnstange ist auch gleich dem Bearbeitungs- und Betriebsmodul des Zahnrades.

13. Beispiel. Mit einem Stoßrad, das $z_s = 16$ Zähne und $m_s = 5$ Teilkreismodul hat, bei $\alpha_s = 15^0$ Eingriffwinkel soll eine Zahnstange und ein Zahnrad mit $z = 12$ Zähnen und $\alpha = 20^0$ Eingriffswinkel bearbeitet werden.

Der Grundmodul des Stoßrades ist

$$m_{0s} = m_s \cdot \cos 15^0 = 5 \cdot 0{,}966 = 4{,}83.$$

Der Modul der Zahnstange wird nach Gleichung (62)

$$m = \frac{m_{0s}}{\cos 20^0} = \frac{4{,}83}{0{,}94} = 5{,}14 .$$

Das ist auch der Modul für den Bearbeitungs- und Betriebslaufkreis des Zahnrades mit dem Durchmesser

$$2 \cdot r = m \cdot z = 5{,}14 \cdot 12 = 61{,}7 ,$$

der mit dem entsprechenden Laufkreisdurchmesser des Stoßrades

$$2 \cdot r_{bs} = 5{,}14 \cdot 16 = 82{,}2$$

kämmend eingestellt wird mit der Übersetzung

$$z_s : z = 16 : 12,$$

die durch die Wechselräder einzustellen ist.

Ebenso wird die Mittellinie der Zahnstangenverzahnung mit dem Bearbeitungslaufkreis kämmend im Abstande 41,1 von der Stoßradachse eingestellt und gerade geführt. Die Zahnstange muß eine dem Laufkreis entsprechende Verschiebung erhalten.

D. Bearbeitung mit dem Schneckenfräser.

Während bei dem Stoßrad, Stoß- und Kammstahl die Schnittbewegung geradlinig ist, ist sie bei dem Schneckenfräser kreisförmig. Die kreisförmige Schnittbewegung hat den Vorteil, daß sie fortlaufend ist, während die Hubbewegung für den geraden Schnitt unterbrochen und mit Zeitverlust durch den Rücklauf verbunden ist.

Die Zahnkurven kann man sich bei dem Wälzverfahren mit dem Schneckenfräser dadurch entstanden denken, daß die aufeinanderfolgenden geraden Schneidkanten des Fräsers die Zahnkurven als Umhüllungslinien ergeben, wobei der Fräser für die Bearbeitung von Stirnrädern mit geraden Zähnen einen Vorschub parallel zur Werkstückachse erhält, während bei den Stoßverfahren der Vorschub schon durch die Drehung des Werkstückes gegeben ist.

Da man das Zahnstangenprofil im Längsschnitt des Schneckenfräsers gleich dem Kammstahlprofil annimmt, gelten im allgemeinen für die Bearbeitung der Stirnräder mit geraden Zähnen mit dem Schneckenfräser dieselben Angaben wie für die Bearbeitung mit dem Kammstahl. Neben den Angaben für das Längsprofil des Fräsers und für seine Einstellung zum Werkrad und für die Durchmesser des Fräsers ist der Steigungswinkel des Fräsergewindes im Bearbeitungslaufkreis zu berechnen, da die Fräserachse um diesen Winkel gegen die Stirnradebene geneigt eingestellt werden soll, damit die Schnittrichtung der Fräserzähne dort in die Richtung der geraden Zähne des Werkrades fällt.

14. Beispiel. Für das Stirnräderpaar mit den Zähnezahlen $\frac{96}{12}$, 5 Modul und 20° Eingriffswinkel sollen die Angaben für die Bearbeitung mit einem Schneckenfräser berechnet werden, dessen Längsprofil 4,87 Modul und 15° Eingriffswinkel erhält. (Vgl. Beispiel 10, S. 56.) Der Außendurchmesser des Fräsers sei 90 mm.

Der Bearbeitungslaufkreis erhält gleiche Teilung oder gleichen Modul wie der Fräser. Der Durchmesser desselben ist daher für das kleine Rad

$$2 \cdot r_b = z \cdot m_s = 12 \cdot 4{,}87 = 58{,}5.$$

Der Grundkreismodul ist $m_s \cdot \cos 15^0 = 4{,}87 \cdot 0{,}966 = 4{,}7$ und der Grundkreisdurchmesser des Triebrades

$$2 \cdot r_0 = 12 \cdot 4{,}7 = 56{,}4.$$

Der Abstand der beiden Kreise beträgt $r_b - r_0 = 1{,}05$.

Nimmt man nach Beispiel 4 (S. 34) den Abstand der Schneidenspitze vom Grundkreis mit 3 mm innerhalb des Grundkreises an, so ist der Abstand des Laufkreises vom Fräserumfang $3 + 1{,}05 = 4{,}05$. Der Fräserkreis, der mit dem Bearbeitungslaufkreis des Triebrades kämmt, hat den Durchmesser $90 - 2 \cdot 4{,}05 = 81{,}9$. In diesem Kreis ergibt sich der Steigungswinkel der Fräsergewinde aus der Beziehung

$$\operatorname{tg} \beta_b = \frac{4{,}87 \cdot \pi}{81{,}9 \cdot \pi} = 0{,}0595 \quad \text{zu} \quad \beta_b = 3^0\, 24',$$

nach dem die Fräserachse gegen die Werkstückebene geneigt einzustellen ist.

Zur Einstellung des Fräsers gelten die S. 34, Beispiel 4, berechneten Angaben, wonach die Schneidenspitze von 3,8 mm Breite für das kleine Rad auf 9,5 mm Zahntiefe vom Umfang des Rades, der 69,4 mm Durchmesser erhält, einzustellen ist.

Für das große Rad ist der Durchmesser des Bearbeitungslaufkreises

$$2 \cdot R_b = Z \cdot m_s = 96 \cdot 4{,}87 = 467{,}5,$$

des Grundkreises

$$2 \cdot R_0 = 96 \cdot 4{,}7 = 4{,}7 = 451{,}5.$$

Der Abstand der beiden Kreise ist daher $R_b - R_0 = 8$.

Da die Schneidenspitze von 3,8 mm Breite vom Grundkreis 5,25 mm Abstand hat (vgl. S. 34), so ist der Abstand des Laufkreises vom Fräserumfang $8 - 5,25 = 2,75$ mm. Der Fräserkreis, der mit dem Bearbeitungslaufkreis des großen Rades kämmt, hat den Durchmesser

$$90 - 2 \cdot 2,75 = 84,5 \text{ mm}.$$

In diesem Kreis ergibt sich der Steigungswinkel des Fräsers aus

$$\text{tg } \beta_B = \frac{4,87}{84,5} = 0,0576 \quad \text{zu} \quad \beta_B = 3^0 17',$$

nach dem die Fräserachse bei der Bearbeitung des großen Rades gegen die Werkstückebene geneigt einzustellen ist.

Der Außendurchmesser des großen Rades ist bei 4 mm Kopfhöhe $2 \cdot R_k = 2 \cdot R + 2 \cdot k = 480 + 16 = 496$. Der Fräser ist auf 13,15 mm Zahntiefe einzustellen. Da bei der Bearbeitung von Stirnrädern mit geraden Zähnen mit eingängigem Schneckenfräser die Gesamtübersetzung vom Fräser zum Werkstück gleich der Zähnezahl des Werkrades ist, so sind die Wechselräder zum Tischantrieb für die Übersetzung 12:1 bei der Bearbeitung des kleinen und 96:1 bei der Bearbeitung des großen Rades zu berechnen. Der Vorschub kann dem Material und der Bearbeitungsgenauigkeit entsprechend gewählt werden. Der Aufbau der Abwälzfräsmaschinen für Stirnradbearbeitung mit dem Schneckenfräser wird als bekannt vorausgesetzt, so daß eine weitere Beschreibung der Maschinen für die Berechnung der Bearbeitungsangaben nicht erforderlich ist.

VI. Zusammenfassung der Bedingungen für Stirnradbearbeitung.

Bei Werkzeug und Werkrad bleibt die Grundteilung gleich. Der Eingriffswinkel im Bearbeitungslaufkreis bleibt bei Schneidstahl, Kammstahl und Schneckenfräser gleich, nicht aber beim Stoßrad. Der Eingriffswinkel im Betriebslaufkreis ist veränderlich und soll nach der Bedingung für spielfreien Gang und gleiche Fußstärke bestimmt werden.

Bei der Bearbeitung der Stirnräder mit Kammstahl, Stoßrad und Schneckenfräser bleibt die Grundteilung des Werkrades gleich der Grundteilung des Werkzeuges, wenn man die Zähnezahl, die Laufkreisteilung und den Eingriffswinkel der Werkstücke verändert, die mit einem bestimmten Werkzeug bearbeitet werden.

Da der Wälzvorgang beim Kammstahl und beim Schneckenfräser dem Zusammenarbeiten von Zahnrad und Zahnstange entspricht, so gelten für Werkstück und Werkzeug dieselben Beziehungen wie für Zahnrad und Zahnstange. Insbesondere kann man die Bedingung für spielfreien Gang auf Werkrad und Werkzeug anwenden. So erhält man die Beziehungen der Zahnstärken s_0 und S_0 und der Zahnlückenweiten

b_0 und B_0, die nach der Gleichung (56) für Zahnrad und Zahnstange zu berechnen sind und auch für Werkzeug und Werkstück gelten, wobei die Maße S_0 und B_0 an der Zahnstange oder am Werkzeug im Abstande des Grundkreisradius des Werkrades angegeben sind. In der Gleichung (56) ist die im Abstand des Grundkreisradius gemessene Schneidenbreite des Schneidstahles mit b oder B bezeichnet (vgl. Abb. 36), während dieses Maß hier mit S_0 als Zahnstärke der Zahnstange im Grundkreis derselben angegeben wird, indem man als Grundkreis der Zahnstange die Tangente an den Grundkreis des Zahnrades bezeichnet. Ebenso erhält man nach der Abb. 63 aus

$$\frac{(r_0 \cdot \alpha + 0,5 \cdot s_0 - r_0\,\mathrm{tg}\,\alpha)}{\sin \alpha} + r_0 \cdot \left(\frac{1}{\cos \alpha} - 1\right) = 0,5 \cdot B_0 \cdot \cotg \alpha$$

die Gleichung

$$2 \cdot r_0 \,(\alpha - \sin \alpha) + s_0 = B_0 \cdot \cos \alpha$$

oder

$$z \cdot (\alpha - \sin \alpha) + \frac{s_0}{m_0} = \cos \alpha \cdot \frac{B_0}{m_0}. \tag{63}$$

Mit der Gleichung (56) $\dfrac{b_0}{m_0} - z \cdot (\alpha - \sin \alpha) = \cos \alpha \cdot \dfrac{S_0}{m_0}$ ergibt sich

$$b_0 + s_0 = (S_0 + B_0) \cdot \cos \alpha = m_0 \cdot \pi, \tag{64}$$

das ist die Teilung im Grundkreis. Aus diesen Gleichungen ergibt sich die Gleichung

$$\cos \alpha \cdot \frac{B_0}{m_0} = \pi - \cos \alpha \cdot \frac{S_0}{m_0}$$
$$= z \cdot (\alpha - \sin \alpha) + \frac{s_0}{m_0}. \tag{65}$$

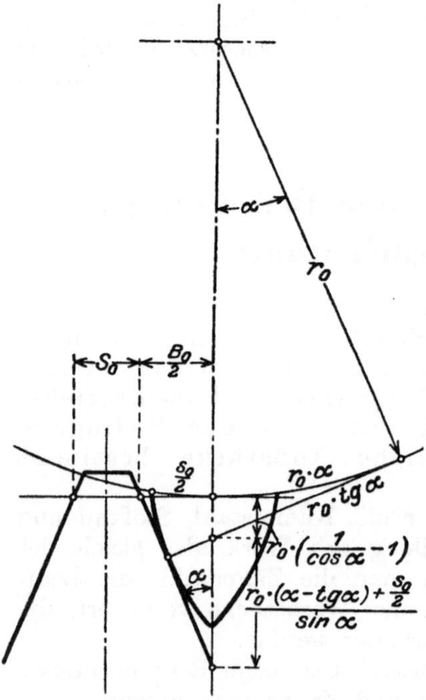

Bei der Anwendung dieser Gleichungen auf Werkrad und Werkzeug ist der Eingriffswinkel α im Bearbeitungslaufkreis bei Verwendung desselben Werkzeuges konstant anzunehmen. Dagegen kann der Eingriffswinkel des Zahnrades im Betriebslaufkreis verschieden angenommen werden.

Der Eingriffswinkel im Bearbeitungslaufkreis bleibt bei der Bearbeitung mit Kammstahl und Schneckenfräser immer gleich dem Flankenwinkel der Zähne des Werkzeuges. Betriebslaufkreis der Werkstücke und Eingriffswinkel derselben können innerhalb gewisser Grenzen verändert werden, die durch die Bedingung für spielfreien Gang nach den Gleichungen (43) und (44) für Stirnräderpaare bestimmt sind.

Abb. 63. Angaben für Wälzen mit Zahnrad- und Zahnstangenprofil.

Auch beim Zahnstangenrad ist der Bearbeitungslaufkreis und der Eingriffswinkel durch das Werkzeug gegeben. Der Betriebslaufkreis und der Flankenwinkel der Zahnstange kann davon abweichend angenommen werden, wobei die Gleichungen (48), (56), (63) und (65) für spielfreien Gang zu berücksichtigen sind.

Fügt man der Bedingung für spielfreien Gang für gleiche Festigkeit von Zahnrad und Zahnstange von gleichem Werkstoff die Bedingung gleicher Fußstärke hinzu, so erhält man bei der Kopfhöhe h des Rades nach Abb. 33 aus der Gleichung

$$S_f = S_0 + 2 \cdot \operatorname{tg} \alpha \cdot \left(\frac{r_0}{\cos \alpha} - r_0 + k \right) = s_0 , \qquad (66\,\mathrm{a})$$

wenn man diese mit Gleichung (65) vereinigt, die Gleichung

$$z \cdot \left(\alpha - \sin \alpha - \operatorname{tg} \alpha + \frac{\operatorname{tg} \alpha}{\cos \alpha} \right) = \pi - \cos \alpha \cdot \frac{S_0}{m_0} - 2 \cdot \operatorname{tg} \alpha \cdot \frac{k}{m_0} \qquad (66\,\mathrm{b})$$

Die Fußstärke der Zähne des Zahnrades ist s_0, wenn der Grundkreis mit dem Fußkreis zusammenfällt. Sonst gibt die Bedingung $s_0 = S_f$ nahezu gleiche Fußstärke für Zahnrad und Zahnstange.

Tabelle 9.

Zähnezahlen der Zahnräder mit gleicher Fußstärke bei verschiedenen Eingriffswinkeln α und verschiedenen Verhältnissen S_0/m_0.

z_0 Zähnezahlen der Zahnräder mit gleichem Abstand von Grund- und Teilkreis $a = m_0$.

z_s kleinste Zähnezahlen der Zahnstangenräder ohne Unterschnitt.

$\alpha =$	15°	16°	17°	18°	19°	20°	21°	22°	23°	24°	25°
$\frac{S_0}{m_0} = 1$	48	37	29	22	17	13	11	8	6	5	4
0,9	63	50	40	30	25	20	16	13	10	8	7
0,8	79	62	50	40	32	28	22	20	15	12	10
0,7	95	82	61	50	40	32	27	24	19	16	13
0,6	110	88	72	58	47	39	33	27	22	19	16
0,5	127	101	83	67	55	45	38	33	27	22	19
0,4	143	114	94	76	62	52	44	36	31	26	22
0,3	158	126	104	85	69	58	49	42	35	30	25
0,2	175	140	115	94	77	65	55	47	39	33	28
0,1	190	152	127	103	85	71	60	52	43	37	31
0,0	206	165	137	112	92	77	65	55	47	40	34
—0,1	222	178	147	121	99	83	71	59	51	44	38
—0,2	237	191	158	130	107	90	76	64	55	47	41
—0,3	253	204	169	138	114	96	82	68	59	51	44
—0,4	269	216	180	148	122	103	87	73	63	54	47
—0,5	285	230	191	156	129	109	92	78	67	58	50
—0,6	301	243	202	165	137	115	98	83	71	62	53
—0,7	317	256	213	175	144	122	103	87	76	65	56
—0,8	332	269	223	183	152	128	109	92	80	69	59
—0,9	348	281	234	192	159	135	114	97	83	72	62
—1	364	294	245	201	166	141	120	100	88	76	65
$z_0 =$	57	50	45	39	35	32	28	26	24	21	20
$z_s =$	30	27	24	21	19	17	16	15	13	12	11

In der Gleichung (66b) ist neben dem Eingriffswinkel und der Zähnezahl nur mehr eine veränderliche Größe $\frac{S_0}{m_0}$ enthalten, da man das Verhältnis der Kopfhöhe zum Grundmodul $\frac{k}{m_0} = 1{,}1$ als konstant annehmen kann. Bei konstantem Wert von $\frac{S_0}{m_0}$ ist der Eingriffswinkel nur mehr von der Zähnezahl abhängig. Er ist bei kleiner Zähnezahl des Rades größer als bei großer Zähnezahl desselben.

Für die Tabelle 9 ist die Gleichung (66b) nach den Zähnezahlen aufgelöst, die für $\frac{S_0}{m_0} = +1$ bis -1 und für die Flankenwinkel der Zahnstange $\alpha = 15^0$ bis 25^0 berechnet und in der Tabelle angegeben sind. In den senkrechten Reihen stehen die Zähnezahlen der Zahnstangenräder mit konstantem Verhältnis $\frac{S_0}{m_0}$ und verschiedenem Eingriffswinkel. In den wagrechten Reihen ist $\frac{S_0}{m_0}$ veränderlich und der Eingriffswinkel konstant. Zur Berechnung der Tabelle 9 benutzt man Tabelle 10.

Tabelle 10.

$\alpha =$	15^0	16^0	17^0	18^0	19^0	20^0	21^0	22^0	23^0	24^0	25^0
$\sin\alpha =$	0,2588	2756	2924	3090	3256	3420	3584	3746	3907	4067	4226
$\mathrm{arc}\,\alpha =$	0,2618	2793	2967	3142	3316	3491	3665	3840	4014	4189	4363
$\cos\alpha =$	0,9659	9613	9563	9511	9455	9397	9336	9272	9205	9136	9063
$\frac{1}{\cos\alpha} =$	1,035	1,04	1,045	1,051	1,058	1,064	1,071	1,079	1,086	1,095	1,103
$\mathrm{tg}\,\alpha =$	0,268	2868	3057	3249	3443	3640	3839	4040	4245	4452	4663
$\alpha - \sin\alpha =$	0030	0037	0043	0052	0060	0071	0081	0094	0107	0122	0137
$\mathrm{tg}\,\alpha - \alpha =$	0061	0075	0090	0107	0127	0149	0174	0200	0231	0263	0300
$\sin^2\alpha$	0671	0758	0855	0955	1058	1170	1284	1400	1525	1650	1785

Wenn man für die Zahnräder der wagrechten Reihen gleichen Grundmodul annimmt, so gelten die in der Tabelle enthaltenen Werte auch für Stirnräderpaare, denn bei gleichem Flankenwinkel der Zahnstangen werden die Räder der wagrechten Reihen auch untereinander gleiche Eingriffswinkel haben. Man kann daher nach der Tabelle den Bereich der Werte angeben, bei denen Zahnrad und Zahnstange oder ein bestimmtes Räderpaar gleiche Fußstärke erhalten können.

Zum Beispiel für 20 Zähne des Zahnstangenrades liegt der Flankenwinkel der Zahnstange zwischen 18^0 und 25^0 und das Verhältnis $\frac{S_0}{m_0}$ zwischen 0,4 und 1.

Für ein Stirnräderpaar mit dem Verhältnis der Zähnezahlen $\frac{Z}{z} = \frac{100}{20}$ liegt der Eingriffswinkel zwischen 18^0 und 22^0 und für das große Zahnrad das Verhältnis $\frac{S_0}{m_0}$ zwischen 0,1 und -1.

Wenn man daher Zahnräder von gleicher Festigkeit oder gleicher Fußstärke herstellen will, so darf der Eingriffswinkel der Zahnräder nicht auf einen bestimmten Wert festgelegt werden. Dagegen kann man für die Werkzeuge bestimmte Flankenwinkel festlegen und mit Hilfe der Tabelle die Abmessungen derselben für Normung zur Erreichung gleicher Fußstärke der Räder berechnen.

15. Beispiel. Nach der Tabelle erhalten die Stangenräder bei dem Wert $\dfrac{S_0}{m_0} = 1$ für 15^0 Eingriffswinkel 48 Zähne und bei 18^0 Eingriffswinkel 22 Zähne. Bei der Kopfhöhe $\dfrac{k}{m_0} = 1{,}1$ erhält man nach der Gleichung

$$\frac{s_0}{m_0} = \frac{S_0}{m_0} + \operatorname{tg}\alpha \cdot \left(\frac{z}{\cos\alpha} - z + \frac{2 \cdot k}{m_0}\right) = \frac{S_f}{m_0}$$

für das erste Rad

$$\frac{s_0}{m_0} = 1 + 0{,}268 \cdot (48 \cdot 0{,}035 + 2{,}2) = 2{,}04$$

und für das zweite Rad

$$\frac{s_0}{m_0} = 1 + 0{,}325 \cdot (22 \cdot 0{,}051 + 2{,}2) = 2{,}06$$

nahezu gleiche Fußstärke. Der kleine Unterschied ergibt sich durch Abrundung der Zähnezahlen auf ganze Zahlen.

Die Zahnstange mit 15^0 Flankenwinkel erhält im Abstande a vom Laufkreis

$$a = r_0 \cdot \left(\frac{1}{\cos\alpha} - 1\right) \cdot m_0 = 24 \cdot 0{,}035 \cdot m_0 = 0{,}84 \cdot m_0$$

die Zahnstärke $S_0 = m_0$ und am Fuße im Abstande

$$a + k = (1{,}1 + 0{,}84) \cdot m_0 = 1{,}94 \cdot m_0$$

die Zahnstärke $S_f = 2{,}04 \cdot m_0$. Für den Flankenwinkel ergibt sich daher

$$\operatorname{tg}\alpha = \frac{(S_f - S_0)}{2 \cdot (a + k)} = \frac{1{,}04}{2 \cdot 1{,}94} = 0{,}268 = \operatorname{tg} 15^0\,.$$

Die Zahnstange mit 18^0 Flankenwinkel erhält im Abstande

$$a = 11 \cdot \left(\frac{1}{0{,}951} - 1\right) \cdot m_0 = 0{,}56 \cdot m_0$$

die Zahnstärke $S_0 = m_0$ und am Fuße $S_f = 2{,}06 \cdot m_0$. Somit ist

$$a + k = (1{,}1 + 0{,}56) \cdot m_0 = 1{,}66 \cdot m_0 \quad \text{und} \quad \frac{0{,}53}{1{,}66} = 0{,}32 = \operatorname{tg} 18^0\,.$$

Wenn man das Zahnrad mit 18^0 Eingriffswinkel durch Kammstahl oder Schneckenfräser bearbeiten will, der 15^0 Flankenwinkel hat, wobei die Zahnstärke des Rades im Grundkreis die gleiche bleiben soll, so kann man nach folgenden Gleichungen das zugehörige Maß $\dfrac{S_1}{m_0}$ berechnen, nach dem das Werkzeug einzustellen ist.

$$\frac{s_0}{m_0} = \pi - \cos\alpha \cdot \frac{S_0}{m_0} - z \cdot (\alpha - \sin\alpha)$$

und

$$\frac{s_0}{m_0} = \pi - \cos\alpha_1 \cdot \frac{S_1}{m_0} - z \cdot (\alpha_1 - \sin\alpha_1)$$

gibt durch Subtrahieren

$$0 = \cos\alpha \cdot \frac{S_0}{m_0} - \cos\alpha_1 \cdot \frac{S_1}{m_0} + z \cdot (\alpha - \sin\alpha) - z \cdot (\alpha_1 - \sin\alpha_1)$$

oder

$$\frac{S_1}{m_0} = \frac{S_0 \cos\alpha}{m_0 \cos\alpha_1} + \frac{z \cdot (\alpha - \sin\alpha)}{\cos\alpha_1} - \frac{z \cdot (\alpha_1 - \sin\alpha_1)}{\cos\alpha_1} \qquad (67)$$

Diese Gleichung gibt für das Zahnrad mit $z = 22$ Zähnen

$$\frac{S_1}{m_0} = \frac{0,951}{0,966} + 22 \cdot \frac{(0,0052 - 0,003)}{0,951} = 0,985 + 0,051 = 1,034 \,.$$

Daher ist das Werkzeug mit der Zahnstärke $S_1 = 1,034 \cdot m_0$ im Grundkreis einzustellen. Der Bearbeitungslaufkreis-Durchmesser ist

$$2 \cdot r_b = z \cdot m_b = \frac{z \cdot m_0}{\cos 15^0} = 1,035 \cdot z \cdot m_0 \,.$$

Für das Rad mit 48 Zähnen ist das Werkzeug mit 15^0 Flankenwinkel so einzustellen, daß das Maß $S_0 = m_0$ im Grundkreis beträgt. Der Bearbeitungslaufkreis erhält den Durchmesser

$$2 \cdot r_b = \frac{48 \cdot m_0}{\cos 15^0} \,.$$

16. Beispiel. Nach der wagrechten Reihe der Tabelle für den Winkel $\alpha = 20^0$ ist das Verhältnis der Zähnezahlen $\dfrac{Z}{z} = \dfrac{90}{20}$ für ein Stirnräderpaar zu benutzen, das gleiche Zahnstärke in den Fußkreisen erhalten soll. Die Zahnstärke der Zahnstange beträgt im Grundkreis des kleinen Rades $\dfrac{S_0}{m_0} = 0,9$, im Grundkreis des großen Rades $\dfrac{S_0}{m_0} = -0,2$.

Bei der Kopfhöhe $k = 1,1 \cdot m_0$ erhält man aus der Gleichung (66a) für das kleine Rad

$$\frac{s_0}{m_0} = \frac{S_0}{m_0} + \operatorname{tg}\alpha \cdot z \cdot \left(\frac{1}{\cos\alpha} - 1\right) + 2 \cdot k \cdot \frac{\operatorname{tg}\alpha}{m_0} = \frac{S_1}{m_0}$$

oder

$$\frac{s_0}{m_0} = 0,9 + 0,364 \cdot (20 \cdot 0,064 + 2,2) = 2,17$$

und für das große Rad

$$\frac{s_0}{m_0} = -0,2 + 0,364 \cdot (90 \cdot 0,064 + 2,2) = 2,7 \,.$$

Das sind die Zahnstärken der beiden Räder im Grundkreis. Diese müssen nach der Bedingung für spielfreien Gang des Räderpaares nachgerechnet werden nach der Gleichung:

$$\frac{(s_0 + s_0)}{m_0} = \pi + (Z + z) \cdot (\operatorname{tg} \alpha - \alpha) = 3{,}14 + 110 \cdot 0{,}015 = 4{,}79 .$$

Das große Rad erhält daher die Zahnstärke $s_0 = 2{,}62 \cdot m_0$, wenn die Zahnstärke $s_0 = 2{,}17$ für das kleine Rad beibehalten wird.

Die Zahnstärke im Laufkreis ergibt sich aus

$$\frac{s}{m_0} = \frac{s_0}{m_0 \cdot \cos \alpha} \; \frac{z \cdot (\operatorname{tg} \alpha - \alpha)}{\cos \alpha}$$

für das kleine Rad zu

$$s = \frac{m_0 \, (2{,}17 - 20 \cdot 0{,}015)}{0{,}94} = 2 \cdot m_0$$

und für das große Rad zu

$$S = (2{,}62 - 90 \cdot 0{,}015) \cdot \frac{m_0}{0{,}94} = 1{,}35 \cdot m_0 .$$

Die Zahnstärken im Laufkreis können daher nicht gleich groß angenommen werden (wie das üblich ist), wenn die Zahnräder gleiche Fußstärke erhalten sollen.

Bei $m_0 = 10$ mm Grundmodul ist der Grundkreisdurchmesser des kleinen Rades $2 \cdot r_0 = 20 \cdot 10 = 200$ und des großen Rades $2 \cdot R_0 = 900$. Daher ist der Abstand von Grund- und Laufkreis für das kleine Rad $r_0 \cdot \left(\frac{1}{\cos \alpha} - 1\right) = 100 \cdot 0{,}064 = 6{,}4$ kleiner als die Fußhöhe, die 12 mm angenommen wird, für das große Rad $R_0 \cdot 0{,}064 = 28{,}8$ größer als die Fußhöhe. Der Winkel φ, der dem Fußkreis entspricht, ergibt sich aus

$$R_0 \cdot \left(\frac{1}{\cos \varphi} - 1\right) = 28{,}8 - 12 = 16{,}8$$

oder aus

$$\frac{1}{\cos \varphi} - 1 = \frac{16{,}8}{450} = 0{,}37 ,$$

daher ist $\varphi = 15^0$. Die Fußstärke dieses Rades ergibt sich aus

$$S_f = \frac{\left(S_0 - \dfrac{2 \cdot R_0}{(\operatorname{tg} \varphi - \varphi)}\right)}{\cos \varphi}$$

zu $S_f = \dfrac{(26{,}2 - 900 \cdot 0{,}015)}{0{,}966} = 13{,}5$ mm gleich der Fußstärke des kleinen Rades.

Für Stoßradbearbeitung kann man gleichfalls die Werte der Tabelle 9 benutzen, wenn man Zahnräder mit gleicher Fußstärke erhalten will. Die Berechnung für die Einstellung des Stoßrades geschieht nach Beispiel 11 (S. 59).

Bei gleichem Werkstoff der Zahnräder wird man im allgemeinen für Stirnräder mit geraden Zähnen die gleiche Fußstärke der Zähne bevorzugen und die Bearbeitungsangaben nach der Tabelle 9 berechnen. Man kann aber, für verschiedene Werkstoffe oder unter Berücksichtigung ungleicher Abnützung der Zahnflanken der großen und der kleinen Zahnräder, die Fußstärken entsprechend vergrößern oder geringer annehmen. Während man bisher gewöhnlich von gleichen Zahnstärken im Teil- oder Laufkreis ausging und die anderen Werte Kopf- und Fußhöhen, Eingriffswinkel usw. veränderlich machen wollte, um günstige Zahnformen zu erhalten, werden jetzt, nach dem Ergebnis obiger Untersuchung, die Kopf- und Fußhöhen für das gewünschte Eingriffsverhältnis geeignet angenommen, wobei die übrigen Werte der Zahnformen durch die Gleichungen für spielfreien Gang und für gleiche Fußstärke oder gleiche Festigkeit oder für gleiche Abnützung bestimmt sind.

Diese Bedingungen werden im folgenden auch für Kegelräder mit geraden Zähnen und für Zahnräder mit gekrümmten Zähnen angewendet.

VII. Kegelräder mit geraden Zähnen.

So wie man zur Bearbeitung von Stirnrädern die Wälzbewegung der Zahnstange benutzt, kann man bei Kegelrädern die Wälzbewegung des Plankegelrades für die Bearbeitung nach verschiedenen Abwälzverfahren benutzen. Die Ermittelung der Bearbeitungsangaben für die in den aufgerollten Mantelflächender Ergänzungskegel dargestellten Zahnkurven kann wie bei Stirnrädern geschehen.

Die Abb. **64** stellt die äußeren Laufkreise $2\,r_a = z \cdot m_a$ und $2 \cdot R_a = Z \cdot m_a$ eines Kegelräderpaares mit rechtwinkeligen Achsen, mit den Zähnezahlen z und Z und dem

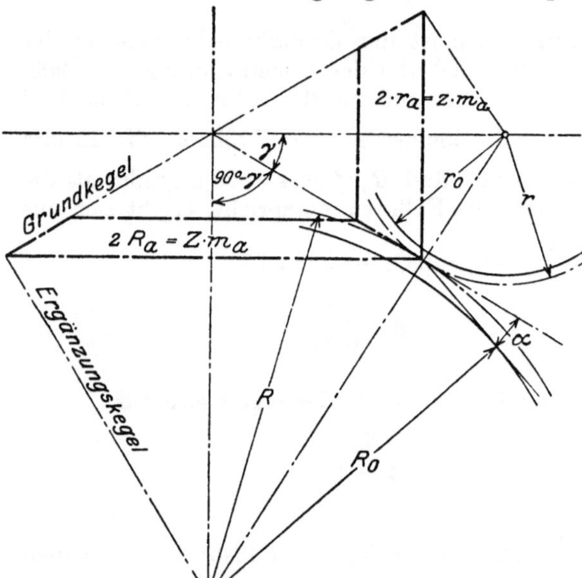

Abb. 64. Wälzkegel und äußere Ergänzungskegel für ein Kegelräderpaar.

äußeren Laufkreismodul m_a dar. Die Neigungswinkel für die Wälz-Lauf- oder Grundkegel ergeben sich bekanntlich aus der Gleichung

$$\operatorname{tg} \gamma = \frac{z}{Z} \qquad\qquad (68)$$

zu γ und $90^0 - \gamma$ bei rechtwinkelig sich schneidenden Achsen. Mit den Radien r und R werden die in die Bildebene aufgerollten Mantelflächen der Ergänzungskegel gezeichnet, in denen man mit Hilfe der Laufkreise r und R und der Grundkreise r_0 und R_0 für den Eingriffswinkel α die Abwickelung der äußeren Zahnflanken, so wie bei Stirnrädern, als Evolventen darstellen kann. Die Formen und die Begrenzungen der Zahnflanken können, wie bei diesen, nach den Bedingungsgleichungen für spielfreien Gang und für gleiche Fußstärke bestimmt werden. Wenn man die Durchmesser der auf den aufgerollten Kegelflächen liegenden Wälzkreise nach folgenden Gleichungen berechnet

$$2 \cdot r = \frac{2 \cdot r_a}{\cos \gamma} = \frac{z \cdot m_a}{\cos \gamma} = z_0 \cdot m_a \quad \text{und} \quad 2 \cdot R = \frac{2 \cdot R_a}{\sin \gamma} = \frac{Z \cdot m}{\sin \gamma} = Z_0 \cdot m_a , \quad (69)$$

wobei die Zähnezahlen in diesen Wälzkreisen $\frac{z}{\cos \gamma}$ und $\frac{Z}{\sin \gamma}$ gewöhnlich keine ganzen Zahlen sind, so erhält man die Durchmesser der Grundkreise

$$2 \cdot r_0 = z_0 \cdot m_0 \quad \text{und} \quad 2 \cdot R_0 = Z_0 \cdot m_0 \quad (70)$$

mit dem Grundmodul $m_0 = m_a \cdot \cos \alpha$.

Für diese Werte erhält man nach der Tabelle 9 und nach den Gleichungen für spielfreien Gang und gleiche Fußstärke die Werte für die

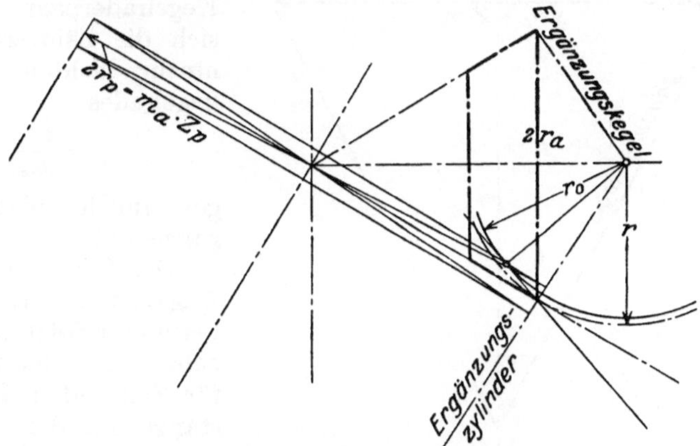

Abb. 65. Kleines Kegelrad mit Plankegelrad.

Bearbeitung und für die Einstellung der Werkzeuge wie bei Stirnräderpaaren, indem man in der Gleichung (66) die Zähnezahlen

$$z_0 = \frac{z}{\cos \gamma} \quad (71)$$

für das kleine und $Z_0 = \frac{Z}{\sin \gamma}$ für das große Rad des Räderpaares einsetzt und den Eingriffswinkel α berechnet oder aus der Tabelle 9 die Werte für α und $\frac{S_0}{m_0}$ wie für Stirnräderpaare entnimmt. Vgl. Beispiel 16.

An Stelle der Zahnstange tritt bei Kegelrädern als Gegenrad mit trapezförmigen Zahnkurven das Plankegelrad. In Abb. 65 ist das kleinere Kegelrad mit seinem Plankegelrad, in Abb. **66** das große Kegelrad mit seinem Plankegelrad dargestellt. Für die Räder eines Kegelräderpaares kann das Plankegelrad beider Räder gleich sein.

Es erhält den äußeren Durchmesser

$$2 \cdot r_p = \frac{2 \cdot r_a}{\sin \gamma}, \tag{72}$$

der zu der Zylinderfläche gehört, die an Stelle des Ergänzungskegels tritt und auf der die Auftragung der Zahnkurven geschieht, indem man den Zylindermantel aufrollt und die Zahnflanken für Kegelrad und Plankegelrad wie für Zahnrad und Zahnstange konstruiert. Die Kanten der Zähne verlaufen geradlinig nach der Mitte des Planrades. Die Achse desselben steht senkrecht auf der Laufkreisebene. Für ein Kegelräderpaar ergibt sich die Zähnezahl des hinzugedachten Plankegelrades

$$z_p = \frac{2 \cdot r_p}{m_a} \tag{73}$$

gewöhnlich nicht als ganze Zahl.

Die Berechnung der Angaben für die Bearbeitung erfolgt für Kegelrad und Planrad wie für Zahnrad und Zahnstange und die Bearbeitungsangaben für diese können auch für die Bearbeitung eines Kegelräderpaares benutzt werden. Die Einstellung der Werkzeuge und Bearbeitungsmaschinen, die nach dem Abwälzverfahren mit dem Stoß- oder Hobelstahl arbeiten (Bilgram-Verfahren), geschieht in ähnlicher Weise wie bei der beschriebenen Stirnradstoßmaschine. Der Aufbau dieser Maschinen ist bekannt, so daß hier eine Beschreibung derselben für die Anwendung der Bearbeitungsangaben nicht erforderlich ist.

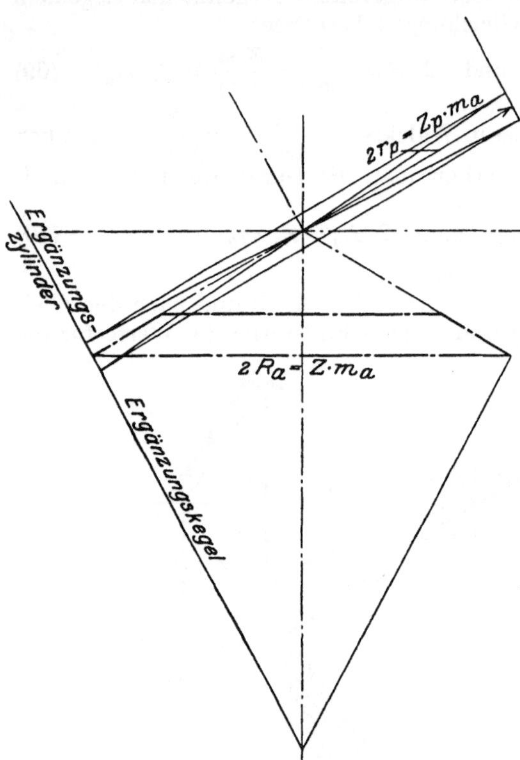

Abb. 66. Großes Kegelrad mit Plankegelrad.

Das Plankegelrad bietet gegenüber der Zahnstange für Abwälzverfahren den Vorteil, daß das Abwälzen mit dem Kegelrad in gleicher Drehrichtung fortlaufend erfolgen kann, während bei dem Zahnstangengetriebe nur hin- und hergehende Bewegung beim Abwälzen stattfinden kann. Man kann daher die Führung für die Wälzbewegung der Kegelräder durch Roll- oder Wälzbogen wie bei der Stirnradstoßmaschine, z. B. bei der Bilgram-Kegelräderhobelmaschine, bewirken, oder man kann die genannte Eigenschaft des Plankegelrades für Bearbeitung mit fortlaufendem Wälzverfahren benutzen. Die Lage der Achse für das Planrad ist bei Kegelrädern mit geraden Zähnen so bestimmt, daß die Achse des Planrades durch die Spitze des Grundkegels geht.

Bei Schraubenrädern oder Zahnrädern mit gekrümmten Zähnen sind die Achsen der zylindrischen oder kegelförmigen Räder gekreuzt ohne sich zu schneiden. Man kann daher auch Planräder verwenden, deren Achsenlage beliebig ist und die auch für Wälzverfahren benutzt werden (Gleason).

VIII. Schraubenräder.

Bei Schraubenrädern tritt an Stelle der normalen Zahnstange die Zahnstange mit schrägen Zähnen, nach der die Angaben für Bearbeitung, Einstellung und Führung der Werkzeuge für Wälzverfahren erfolgt.

Die Zähne der Schraubenräder können verschiedene Krümmung erhalten. Sie sind entweder nach zylindrischen Schraubenlinien von gleicher Steigung gekrümmt bei den Stirnrädern mit schrägen Zähnen oder nach kegelförmigen Schraubenlinien bei den Kegelrädern mit schrägen oder bogenförmigen Zähnen. Bei Schneckenrädern sind sie nach Art der Muttergewinde gekrümmt, bei Zahnrädern mit Winkelzähnen nach rechts- und linksgängigem Gewinde usw.

Im Betrieb unterscheiden sich die Schraubenräder von den Stirn- und Kegelrädern mit geraden Zähnen noch dadurch, daß die Zahnflächen neben dem Rollen und Gleiten in der Querschnittebene noch ein Gleiten in der Achsenrichtung erhalten. Bei einseitig geneigten Zähnen treten auch Drücke in der Achsenrichtung auf, die dadurch vermieden werden, daß man rechts- und linksgeneigte Zähne oder Winkelzähne verwendet.

Auch die Passung der Zähne der Schraubenräder ist in einer Querschnittebene nicht eindeutig bestimmt, wie dies bei den Stirnrädern mit geraden Zähnen der Fall ist. Diese Unterscheidung kann man vergleichen mit der Rundpassung und der Passung der Schraubengewinde. Die Rundpassung ist durch den Spielraum in der Querschnittebene eindeutig bestimmt. Bei der Gewindepassung sind neben dem Spiel im Querschnitt die Passungen im Achsenschnitt zu berücksichtigen, Ganghöhe, Flankenwinkel usw. Diese Passungen stehen auch untereinander in Beziehung, so daß eine durch die andere scheinbar ersetzt werden kann, wie dies z. B. bei zügigen Gewinden der Fall ist, ohne daß sie in den Flankenwinkeln übereinstimmen müssen. So kann man den Eindruck größerer Genauigkeit und ruhigen Ganges schraubenförmiger Gewinde oder Zähne erhalten, auch bei geringerer Genauigkeit der Bearbeitung. Auch läßt sich die Genauigkeit der

Bearbeitung schraubenförmiger Gewinde oder Zähne nicht in so einfacher Weise wie bei Rundpassungen prüfen. Schraubenförmige Zähne bieten aber den Vorteil, daß sie längere Zahnflanken, längere Eingriffsdauer, längere Gleitflächen und größere Festigkeit als gerade Zähne erhalten.

Man gibt bei schraubenförmigen Zähnen den Längs- oder Achsenschnitt, den Quer- oder Stirnschnitt und den Normalschnitt an. Gewöhnlich wird in einem dieser Schnitte die Evolventenverzahnung wie bei einer Zahnstangenverzahnung konstruiert. Dadurch sind die Zahnkurven in den anderen Schnitten bestimmt.

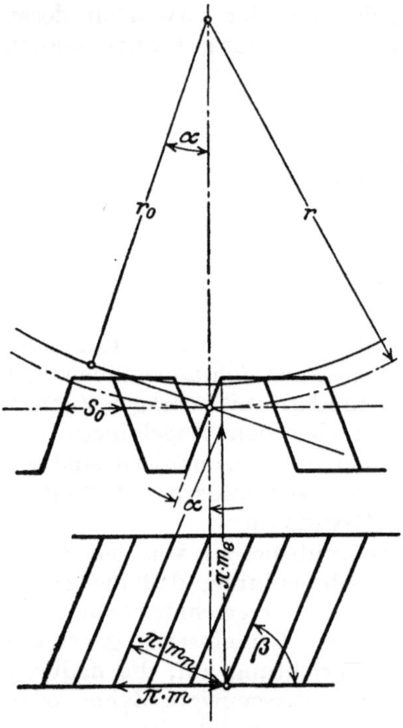

Man kann z. B. für die Herstellung eines Stirnrades mit schrägen Zähnen nach Abb. 67 eine Zahnstange mit schrägen Zähnen annehmen, die in der Radebene gerade Zahnflanken mit dem Flankenwinkel α erhält.

Die Teilung der Zahnstange ist $\pi \cdot m$ in der Radebene, $\pi \cdot m_c$ im Achsenschnitt und $\pi \cdot m_n$ im Normalschnitt. In allen Schnitten erhalten die Zähne der Zahnstange gerade Flanken. Zwischen den Teilungen besteht die Beziehung

$$m_n = m \cdot \sin\beta = m_c \cdot \cos\beta, \qquad (74)$$

wobei β die Schräge der Zähne der Zahnstange oder den mittleren Steigungswinkel der Zähne des Zahnrades angibt.

Für die Maße der Stirnseite oder in der Radebene kann man für Zahnrad und Zahnstange mit schrägen Zähnen die Gleichung (66b) und die

Abb. 67. Zahnrad und Zahnstange mit schrägen Zähnen.

Tabelle 9 anwenden wie bei Zahnrad und Zahnstange mit geraden Zähnen, indem man für die Stirnteilung den Grundmodul

$$m_0 = m \cdot \cos\alpha = m_n \cdot \frac{\cos\alpha}{\sin\beta} \qquad (75)$$

und für die Zahnstange oder für das Werkzeug das Maß $\dfrac{S_0}{m_0}$ einsetzt.

Ebenso gelten Tabelle 9 und die Gleichungen für spielfreien Gang und gleiche Fußstärke für Stirnräderpaare mit schrägen Zähnen wie für solche mit geraden Zähnen, wenn man für erstere die Stirnteilung oder den Stirnmodul einführt.

Bei zylindrischen Schraubenrädern mit gekreuzten Achsen sind die Stirnteilungen eines Räderpaares im allgemeinen ungleich. Es ergeben sich z. B. bei rechtwinkelig gekreuzten Achsen die Stirnteilungen $m = \dfrac{m_n}{\sin \beta}$ für das eine Rad und $m_c = \dfrac{m_n}{\cos \beta}$ für das andere Rad. Für den Grundmodul sind daher die Werte

$$m_0 = m_n \cdot \frac{\cos \alpha}{\sin \beta} \quad \text{und} \quad m_0 = m_n \cdot \frac{\cos \alpha}{\cos \beta} \tag{76}$$

in Gleichung (66b) einzusetzen. Auch die Maße $\dfrac{S_0}{m_0}$ sind in den Radebenen anzugeben. Bei verschiedener Neigung der Zähne eines Schraubenräderpaares kann die Fußstärke der Zähne im Normalschnitt mit Rücksicht auf Festigkeit bei jenem Rad etwas kleiner sein, das längere Zähne hat. Daher kann man auch bei Schnecke und Schraubenrad die Fußstärke der Zähne der Schnecke etwas kleiner als die des Schraubenrades annehmen.

Im übrigen gelten für Schnecke und Schraubenrad im Schnitt nach der Radebene dieselben Beziehungen wie für Zahnrad und Zahnstange mit schrägen Zähnen.

IX. Kegelräder mit schrägen oder gekrümmten Zähnen.

Die Angaben für Einstellung, Form und Führung der Werkzeuge zur Bearbeitung der Kegelräder mit schrägen oder gekrümmten Zähnen können mit Hilfe entsprechender Plankegelräder ermittelt werden.

Bei Kegelrädern mit schrägen oder gekrümmten Zähnen tritt an Stelle der Zahnstange mit schrägen Zähnen das Plankegelrad mit schrägen oder gekrümmten Zähnen. Während die Achse des Planrades mit geraden Zähnen die Achse des zugehörigen Kegelrades in der Spitze desselben schneidet, kann die Achse des Planrades mit schrägen oder gekrümmten Zähnen außerhalb der Achse des zugehörigen Kegelrades liegen. Zu einem Kegelräderpaar mit schrägen oder gekrümmten Zähnen gehören zwei Planräder mit rechts und links geneigten Zähnen. Sowohl die Form der Zähne als auch die Lage der Achse des zweiten Planrades ist bestimmt, wenn das erste angenommen ist. Nach diesen richten sich die Angaben für Bearbeitung, Einstellung, Form und Führung der Werkzeuge bei den Wälzverfahren zur Herstellung der Kegelräder mit schrägen oder gekrümmten Zähnen.

Die Satzrädersysteme der Evolventenverzahnung.
Grundlagen und Anleitung zu ihrer Berechnung von Dr.-Ing. **Paul Krüger.**
Mit 30 Abbildungen. VI, 88 Seiten. 1926. RM 8.40

Zahnräder. Von Professor Dr. **A. Schiebel,** Prag.

I. Teil: **Stirn- und Kegelräder mit geraden Zähnen.** Dritte, vermehrte Auflage. Mit etwa 132 Textfiguren. In Vorbereitung.

II. Teil: **Räder mit schrägen Zähnen (Räder mit Schraubenzähnen und Schneckengetriebe).** Zweite, vermehrte Auflage. Mit 137 Textfiguren. VI, 128 Seiten. 1923. RM 5.50

(Einzelkonstruktionen aus dem Maschinenbau, herausgegeben von Dipl.-Ing. C. Volk, 3. und 5. Heft.)

Die Teilung der Zahnräder und ihre einfachste rechnerische Bestimmung. Von Ingenieur **G. Hönnicke.** Mit 26 Textabbildungen. IV, 115 Seiten. 1927. RM 6.—

Die Wälzlager, Kugel- und Rollenlager. Unter Mitwirkung des Herausgebers bearbeitet von Ingenieur **Hans Behr,** Berlin (Berechnung, Konstruktion und Herstellung der Wälzlager) und Oberingenieur **Max Gohlke,** Schweinfurth (Verwendung der Wälzlager). Zugleich zweite Auflage des von **W. Ahrens,** Winterthur, verfaßten Buches „Die Kugellager und ihre Verwendung im Maschinenbau". (Einzelkonstruktionen aus dem Maschinenbau, herausgegeben von Dipl.-Ing. C. Volk, 4. Heft.) Mit 250 Textabbildungen. V, 126 Seiten. 1925. RM 7.20

Die Gewinde. Ihre Entwicklung, ihre Messung und ihre Toleranzen. Im Auftrage von Ludw. Loewe & Co, A.-G., Berlin, bearbeitet von Prof. Dr. **G. Berndt,** Dresden. Mit 395 Abbildungen im Text und 287 Tabellen. XVI, 657 Seiten. 1925. Gebunden RM 36.—

Erster Nachtrag. Mit 102 Abbildungen im Text und 79 Tabellen. X, 180 Seiten. 1926. Gebunden RM 15.75

Namen- und Sachverzeichnis. Herausgegeben auf Anregung und mit Unterstützung der Firma Bauer & Scharte, Neuß. III, 16 Seiten. 1927. RM 1.—

Die Ermittlung der Kegelrad-Abmessungeu. Berechnung und Darstellung der Drehkörper von Präzisions-Kegelrädern und kurzer Abriß der Herstellung. Tabellen aller Abmessungen für die gebräuchlichsten Übersetzungsverhältnisse. Von Oberingenienr **Karl Golliasch.** Mit 96 Abbildungen im Text. 61 Seiten. 1923. Gebunden RM 15.75

Mehrfach gelagerte, abgesetzte und gekröpfte Kurbelwellen. Anleitung für die statische Berechnung mit durchgeführten Beispielen aus der Praxis. Von Professor Dr.-Ing. **A. Gessner,** Prag. Mit 52 Textabbildungen. IV, 96 Seiten. 1926. RM 8.10

Die Herstellung der Blattfedern. Von **T. H. Sanders.** Deutsche Übersetzung von **A. Cecerle.** Mit 182 Abbildungen im Text. IV, 245 Seiten. 1927. Gebunden RM 27.—